DE LA CONDITION

DES

CHEVAUX DE CHASSE

EN FRANCE

PAR

LE COMTE LE COUTEULX

DEUXIÈME ÉDITION

Prix : 1 franc

PARIS

LIBRAIRIE CENTRALE D'AGRICULTURE ET DE JARDINAGE

Rue des Écoles, 62 (ancien 82), près le Musée de Cluny

— Auguste **GOIN**, éditeur —

LIBRAIRIE CENTRALE

D'AGRICULTURE ET DE JARDINAGE

FONDÉE EN 1853

CATALOGUE GÉNÉRAL

1er AVRIL 1873.

PARIS

Auguste GOIN, Editeur et Commissionnaire

RUE DES ÉCOLES, 62, PRÈS DU MUSÉE DE CLUNY, A PARIS

Réduction de prix :

L'AGRICULTEUR PRATICIEN

Revue de l'Agriculture française et étrangère

Publié depuis le 1er octobre 1853, jusqu'au 31 décembre 1872

18 VOLUMES IN-8º ORNÉS DE FIGURES DANS LE TEXTE

Au lieu de : **108 fr.**, Prix : **72 fr.** rendus *franco.*

L'HORTICULTEUR PRATICIEN

Revue de l'Horticulture française et étrangère

PAR

MM. Funck, Galéotti, Joigneaux, comte de Lambertye, Morren, etc.

1858 à 1862, 5 vol. grand in-8º, ornés de fig. dans le texte
et de 104 planches coloriées

Au lieu de : **45 fr.**, Prix : **25 fr.** rendus *franco.*

Bibliothèque de l'Agriculteur praticien.

Encouragée par MM. les Ministres de l'Agriculture et du Commerce et de l'Instruction publique

Abeilles (*Culture des*), par l'abbé FLOQUET. 1 vol. in-18. 1 fr.

Abeilles. Leur éducation, par A. ESPANET. In-18. 40 c.

Agriculture moderne (*Lettres sur l'*), par J. LIEBIG. 1 vol. in-18. 3 50

Agronomie. — Études théoriques et pratiques d'agronomie et de physiologie végétale, par Isidore PIERRE, doyen de la Faculté des sciences de Caen. 4 vol. in-18. — 1er vol. *Sol, engrais, amendements.* — 2e vol. *Plantes fourragères, graines et produits dérivés.* — 3e vol. *Céréales.* — 4e vol. *Plantes industrielles, recherches diverses.* 14 fr.

Approuvé par la Commission des bibliothèques scolaires.

Almanach de l'Agriculteur praticien pour 1873. 16e année. 1 vol. in-18 avec de nombreuses fig. 50 c.

Les années 1857 à 1872, chaque. 50 c.

Cette collection forme une véritable *Encyclopédie agricole*, les matières étant changées chaque année.

Prix (*franco*) des 15 années prises ensemble. 6 fr.

Analyse chimique appliquée à l'agriculture (*Notions élémentaires d'*), par Isidore PIERRE. 2e édit. 1 vol. in-18 avec fig. 2 50

Approuvé par la Commission des bibliothèques scolaires.

Animaux domestiques, reproduction, amélioration et élevage, par DE WECKHERLIN. In-18. 2 fr.

Apiculture productive et pratique, selon la méthode de M. Amédée MAUGET, par Adolphe DE BOUCLON. 1 vol. in-18. 3 50

Basse-Cour. — Poules, Oies, Canards, Pintades, Dindons, Pigeons, par le baron PEERS, 2e édit. 1 vol. in-18 et planches. 1 75

Basse-Cour et Lapin. Traité complet de l'élève et de l'engraissement des animaux de basse-cour et du lapin, par YSABEAU. 1 vol. in-18. 1 fr.

Bétail (*De l'alimentation du*), aux points de vue de la production, du travail, de la viande, de la graisse, de la laine, du lait et des engrais, par Isidore PIERRE, 4e édition. 1 vol. in-18. 2 50

Approuvé par la Commission des bibliothèques scolaires.

Bêtes ovines (*Traité des*), par WECKHERLIN. 1 vol. in-12. 3 50

Bêtes ovines (*Des*) et des Chèvres, par YSABEAU. 1 vol. in-18. fig. 75 c.

Chaux, Marne et Calcaires coquilliers. Leur emploi pour l'amendement du sol, par Isidore PIERRE, 2e édition. In-18. 50 c.

Cheval. — Manuel hippique sommaire de l'éleveur-cultivateur, enseignement professionnel dédié aux élèves adultes des Écoles rurales, par BASSERIE, lieutenant-colonel de cavalerie, 2e édit. 1 vol. in-18. 1 fr.

Approuvé par la Commission des bibliothèques scolaires.

Cheval de trait, de carrosse et de selle. — Production, élevage et dressage, par Ephrem HOUEL. 1 vol. in-18. 1 fr.

Chevaux. — Conseils aux éleveurs, par Ch. DU HAYS. 1 vol. in-18 avec figures. 3 50

Constructions rurales (*Manuel des*), par BONA. 4e édit. 1 vol. in-18 orné de 200 fig. 3 50

Cultivateur anglais (*Le*). Théorie et pratique de l'agriculture, par MURPHY, trad. de l'angl. sur la 5e édit. par SANREY. In-18. Fig. 1 50

Approuvé par la Commission des bibliothèques scolaires.

Dindons et Pintades, par MARIOT-DIDIEUX. 1 vol. in-18. 75 c.

Drainage. L'art de tracer et d'établir les drains, par GRANDVOINNET. 2 vol. in-18 avec 160 figures. 3 fr.

Drainage. Résumé d'un cours pour les cultivateurs, par HERNOUX, ingénieur. In-18. Fig. 1 fr.

Drainage. — Traité de Drainage, ou assainissement des terrains humides, par J. LECLERC, 3e édit. 1 vol. in-18 orné de 130 fig. 3 50

Engrais de mer : *Tangues, Merl, Goemons, Débris divers de poissons, Guanos,* etc. — Études sur ces engrais, par Isidore Pierre. 2e édit. 1 vol. in-18. 2 50

Approuvé par la Commission des bibliothèques scolaires.

Engrais en général (Des), suivi de la manière de traiter les matières fécales, par Greff, 2e édit. in-18. Fig. 50 c.

Ferme (La). Guide du jeune fermier, par Stockhardt. 2 vol. in-18, 3 50

Fourrages. — Recherches sur la valeur nutritive des fourrages, par Isidore Pierre. 4e édit. 1 vol. in-18. 2 50

Approuvé par la Commission des bibliothèques scolaires.

Fumier. — Plâtrage et sulfatage du fumier et désinfection des vidanges, par Isidore Pierre, 3e édit. In-18. 50 c.

Approuvé par la Commission des Bibliothèques scolaires.

Fumiers de ferme et Engrais en général (*Guide pratique sur les*), précédé d'une introduction sur les éléments nutritifs généraux des plantes, par E. Wolff, 1 vol. in-18. 1 50

Graminées. — Traité des graminées céréales et fourragères : études botaniques, description des genres et espèces, rendement des diverses espèces, propriétés nutritives, sols qui conviennent, par de Moor. 1 vol. in-18. orné de 150 fig. 2 50

Guano du Pérou. Comp., falsification, emploi et effets. In-18. 30 c.

Lapin domestique (*Traité pratique de l'éducation du*), par F. Alexis Espanet, 5e édit. 1 vol. in-18 avec figures. 1 fr.

Maïs (*Alcoolisation des tiges du*) et du **Sorgho sucré.** Alcool. — Cidre. — Bière. — Vins artificiels, par Duret. In-18. 75 c.

Matières fertilisantes. — Guide pratique du cultivateur pour le choix, l'achat et l'emploi des matières fertilisantes. Origine, composition, valeur, effets, durée, modes d'emploi, prix, garanties, recours en cas de fraude, etc., par A. Dudouy. 1 vol. in-18 avec fig. 2 50

Approuvé par la Commission des bibliothèques scolaires.

Médecine vétérinaire des bêtes à cornes ou instruction aux laboureurs sur la manière de connaître et de guérir les maladies du bétail, avec un abrégé de la matière médicale et les noms des remèdes tant simples que composés, par A. Cottier, 4e édit. 1 vol. in-18. 1 fr.

Médecine vétérinaire. — Manuel de médecine vétérinaire, par Verheyen, Defays et Husson. 2e édit. 1 vol. in-18. 3 50

Ortie de la Chine (L') et sa culture. — Notice sur les diverses plantes qui portent ce nom, leurs usages et leur introduction en Europe, par Ramon de la Sagra. In-18. 1 fr.

Phosphates de chaux (*Fabrication et emploi des*), par Ronna, 2e édit. 1 vol. in-18. (*Sous presse.*)

Pigeons (*De l'éducation des*), **Oiseaux** de luxe, de volière et de cage, par A. Espanet. 2e édit. 1 vol. in-18 avec figures. 1 fr.

Plantes fourragères (*Traité pratique de la culture des*), par de Thier, 2e édit. revue et augmentée par A. Leroy. 1 vol. in-18. 1 fr.

Approuvé par la Commission des bibliothèques scolaires.

Plantes-racines. — De la culture des plantes-racines : pommes de terre ; topinambour ; betterave ; carotte ; navet ; rutabaga ; chicorée, par Max. le Docte. 2e édit. 1 vol. in-18, orné de 23 fig. 1 25

Pomone agricole. — Plantation et culture du poirier et du pommier dans les champs et les vergers, suivie d'une notice sur la fabrication du

cidre et sur la préparation alimentaire des poires et des pommes, par Ferdinand MAUDUIT. 1 vol. in-18 orné de 25 fig. dans le texte.　　　1 25
Ouvrage couronné par la Société impériale et centrale d'horticulture de la Seine-Inférieure. — Approuvé par la Commission des bibliothèques scolaires.

Porcs (*Du traitement des*) aux différentes époques de l'année. Extrait des meilleurs ouvrages anglais, par J. A. G. *Nouvelle édition* corrigée et augmentée. 1 vol. in-18 orné de 65 figures.　　　2 fr.

Porcheries (*De l'établissement des*), dispositions diverses, construction, par J. GRANDVOINNET. 1 vol. in-18 orné de 95 fig.　　　2 50

Poules et poulets (*Éducation des*), **Dindons, Oies** et **Canards**, par Alexis ESPANET. 2e édit. 1 vol. in-18 avec fig.　　　1 fr.

Prairies. — Culture, formation, entretien, amélioration, renouvellement, etc., par P. DE MOON. 3e édit. 1 vol. in-18, orné de 67 fig.　　　1 25

Prairies et Fourrages dans les terres fortes et argileuses du Midi (*Traité pratique*), par A.-J.-M. DE SAINT-FÉLIX (1841), 1 vol. in-12. 1 fr.

Récoltes dérobées (*Des*), comme fourrages et engrais verts, et culture de la *Moutarde blanche*, trad. de l'angl. par J. A. G. In-18. Fig. 75 c.

Sang de rate des animaux d'espèces ovine et bovine, par Isidore PIERRE. In-18.　　　1 fr.
Couronné par la Société protectrice des animaux.

Semailles en ligne (*Des*) **et des Semoirs mécaniques**, par F. GEORGES. In-8º. (Extrait de l'*Agriculteur praticien*.)　　　50 c.

Sorgho à sucre (*Guide du distillateur du*), par BOURDAIS. In-18. 1 fr.

Stabulation (*De la*) de l'espèce bovine, par le baron PERRS. In-18. 1 25

Tabac. — Culture, récolte ; modes de dessiccation ; séchoirs, conservation, etc., par DE MOON. 2e édit. 1 vol. in-18, orné de 20 fig.　　　1 50

Topinambour. — Culture, alcoolisation et panification de ce tubercule, par DELBETZ. 1 vol. in-18.　　　1 25
Approuvé par la Commission des bibliothèques scolaires.

Végétaux (*De la nutrition des*), considérée dans ses rapports avec les assolements, par le baron DE BABO. 1 vol. in-18.　　　1 fr.

Vigne (*Nouvelle Culture de la*) en plein champ, sans échalas ni attaches, par TROUILLET, 4e édit. In-18 avec 15 gravures.　　　2 50

Vigne (*Régénération de la*) par une nouvelle plantation, par E. TROUILLET, 2e édition. In-18.　　　75 c.

Visite à un véritable agriculteur praticien, par DURAND-SAVOYAT, propriétaire-cultivateur. 1 vol. in-18.　　　1 25

Voyage agricole en Russie, par L. DE FONTENAY, 1 vol. in-18. 3 50

Abeilles, Agriculture, Amendements, Bois, Cubage, Fumiers,
Oiseaux de basse-cour, Vers à soie, etc.

Abeilles (*Asphyxie momentanée des*). — Moyens de la pratiquer, ses avantages et ses inconvénients, par HAMET. In-18 orné de 10 fig. 50 c.

Abeille (*L'*) italienne des **Alpes**. — Exposé sur l'art d'élever les reines italiennes de pure race, de les centupler en peu de mois, et de transformer en ruches italiennes les ruches communes, par HERMANN. In-18. 1 fr.

Abeilles. — Le conservateur des abeilles ou moyens éprouvés pour conserver les ruches et pour les renouveler, par Jonas DE GÉLIEU. 1837. 1 vol. in-8º et 3 pl.　　　1 75

Agriculture (*Huit leçons d'*), **de Chimie agricole**, de la formation des terres arables, etc., par DAUVERNÉ. 1 vol. in-18.　　　1 25

Agriculture (*Traité d'*), publié sur le manuscrit de l'auteur, par DE MEIXMORON DE DOMBASLE. 5 vol. in-8º.　　　30 fr.

Agriculture pratique et raisonnée, par John SINCLAIR, traduit de l'anglais par MATHIEU DE DOMBASLE, 1825. 2 vol. in-8° accompagnés de 9 planches. (Exemplaires reliés et brochés.) 15 fr.

Agronomie, Chimie agricole et Physiologie, par BOUSSINGAULT, 2° édit. 4 vol. in-8° accompagnés de 6 planches. 20 fr.

Agriculture pratique (*Nouveau cours*), par GAUCHERON. 2 vol. in-18. 2 50

Analyses chimiques, comprenant toutes les analyses des substances végétales, des fumiers naturels ou artificiels, des amendements de toute espèce, etc., par Emile GUEYMARD. 1 vol. in-8° 5 fr.

Animaux (*Recherches expérimentales sur l'alimentation et la respiration des*), par J. ALLINERT. In-8°. 1 50

Apiculteur. — Les trois secrets de l'Apiculteur. Culture intensive de l'abeille, par MONIN. In-18 fig. 1 75

Apiculture (*Cours pratique d'*), professé au jardin du Luxembourg par HAMET. 3° édit. 1 vol. in-18 orné de 114 fig. et de 9 pl. 3 50

Apiculture. — Mémoire à l'aide duquel on peut cultiver en toute saison 300 ruchées, les multiplier sans perte d'essaims et sans nuire au couvain des souches, etc., par GRANDGEORGE. In-18 de 88 pages. 2 fr.

Apiculture perfectionnée, ou Théorie et application pratique de la direction des rayons, par J. GRESLOT. 1 vol. in-12 avec planches. 1 50

Arbres (*Les*). Etudes sur leur structure et leur végétation, par SCHACHT, traduit sur la 2° édition allemande et publié sous les auspices du baron DE HUMBOLDT. 2° édit. 1 vol. in-8°, orné de 10 grav. sur acier, de 205 grav. dans le texte et de 5 pl. lithog. représentant 550 sujets. 15 fr.

Arbres (*Physique des*), ou Traité de leur anatomie et de l'économie végétale, par DUHAMEL DU MONCEAU. 2 vol. in-4°, fig. (*D'occasion.*) 20 fr.

Arbres et Arbustes (*Traité des*) qui se cultivent en France, en pleine terre, par DUHAMEL DU MONCEAU. 2 vol. in-4°, fig. (*D'occasion.*) 25 fr.

Arbres et leur culture (*Semis et plantation des*), par DUHAMEL DU MONCEAU. 1 vol. in-4°, fig. (*D'occasion.*) 12 fr.

Arpentage et nivellement. — Traité pratique à l'usage des agriculteurs, par LECLERC et TOUSSAINT. 3° édit. 1 vol. in-18, orné de 126 fig. et 2 planches. 2 50

Bêtes à laine. — Manuel de l'éleveur, par VILLEROY. 1 vol. in-18, 54 fig. 3 50

Bois (*De l'Exploitation des*), par DUHAMEL DU MONCEAU. 2 vol. in-4°, fig. (*D'occasion.*) 25 fr.

Bois (*Du transport, de la conservation et de la force des*), par DUHAMEL DU MONCEAU. 1 vol. in-4°, fig. (*D'occasion.*) 8 fr.

Bois. — Cubage des bois et tarifs métriques pour cuber les bois carrés ou de charpente, les bois en grume au 5° et au 6° réduit, ainsi que les bois au quart sans déduction, précédés d'une Instruction sur la manière de cuber les différentes espèces de bois d'après le système métrique, et terminés par le prix des journées d'ouvriers depuis 50 c. jusqu'à 5 fr., à partir d'un quart de jour jusqu'à 30 jours, par GUSSOT. In-8°. 50 c.

Bordeaux et ses vins classés par ordre de mérite, par Ch. COCKS. 2° édit. revue par E. FÉRET. 1 vol. in-18 orné de 73 vues. 4 fr.

Cailles, Faisans et Perdrix. (*Voir page 16.*)

Calendrier apicole. — Almanach des Cultivateurs d'abeilles, par MM. HAMET et COLLIN. In-18 orné de 14 fig. 50 c.

Calendrier du bon Cultivateur, par MATHIEU DE DOMBASLE, 10° édit. 1 vol. in-12 avec planches. 4 75

Calendrier du bon cultivateur (*Abrégé du*), par le même auteur. 1 vol. in-18. 1 50

Calendrier du bon cultivateur (*Extrait de l'Abrégé du*), par le même auteur. In-18. 60 c.

Canards. (Voir *l'Éducation des poules*, de Alexis Espanet, page 8.)

Cheval en France (Le), depuis l'époque gauloise jusqu'à nos jours. Géographie et institutions hippiques, par E. Houel. 1 vol. in-8°. 3 fr.

Cheval. — Choix du cheval, ou description de tous les caractères à l'aide desquels on peut reconnaître l'aptitude des chevaux aux différents services, par J. Magne. 1 vol. in-18 orné de 21 fig. dans le texte. 2 fr.

Chimie agricole (*Petit cours de*), à l'usage des écoles primaires, par F. Malaguti. 1 vol. in-18, fig. 1 25

Chimie agricole, ou l'agriculture considérée dans ses rapports avec la chimie, par Isidore Pierre, 5e édit. 2 vol. in-18. 7 fr.

Chimie agricole. — Cours professé à Rennes par G. Lechartier, pendant les années 1867, 1868, 1869, 1870 et 1871. 5 vol. in-12. 5 fr. Chaque volume se vend séparément 1 fr.

Chimie agricole (*Cours de*), par Gaucheron. 2 vol. in-8°. 3 50

Chimie appliquée à l'agriculture. — Précis des leçons professées depuis 1859 jusqu'à 1862, par Malaguti. 3 vol. in-18. 10 50

Cochon (Du). — Élevage, entretien, reproduction, engraissement, maladies et leur traitement, par Arnauld Lenoux (1849). 1 vol. in-12 carré. 1 fr.

Cours d'Économie agricole et de Culture usuelle, professé par M. Gaucheron. 2 vol. in-18. 2 50

Dindons. (Voir *l'Éducation des Poules*, de Alexis Espanet, page 8.)

Distilleries agricoles du système Kessler, applicable avec le même matériel au traitement de toutes les matières premières. In-8° de 10 pages et 5 pl. grand in-4°. 2 fr.

Distillation des betteraves (*Recherches sur les produits alcooliques de la*), par MM. Isidore Pierre et Pucuot. In-8°. 2 50

Économie rurale, considérée dans ses rapports avec la chimie, la physique et la météorologie, par J.-N. Boussingault, 2e éd. 2 v. in-8°. 15 fr.

Encyclopédie pratique de l'Agriculteur, publiée sous la direction de MM. Moll et Gayot. 13 vol. in-8° ornés de nombreuses figures. 97 50

Engrais (Des), ou l'art d'améliorer les plus mauvaises terres par des amendements et les engrais de toute nature, par Ducom. 1 vol. in-18. 1 fr.

Engrais chimiques. — Petit guide pour l'emploi des engrais chimiques d'après le système de G. Ville, contenant tous les renseignements indispensables pour l'application des nouvelles méthodes de culture et d'analyse du sol, par H. Joulie, Brochure in-8°. 75 c.

Engrais perdus dans les campagnes (*deux milliards par an*), par Delagarde, 2e édit. 1 vol. in-18 de 180 pages. 1 50

Engraissement des bêtes bovines, ovines et porcines (*Essai sur l'*), par Danzel d'Aumont, 2e édit. In-8°. 1 fr.

Essais gleucométriques faits en 1862 sur cent variétés de raisin, par le docteur Fleurot. In-8°. 1 fr.

Faisans, Cailles et Perdrix. (Voir page 10.)

Fours économiques à circulation d'air chaud, par A. Castermenn. 1 vol. grand in-8° avec 5 pl. 2e édit. Bruxelles. 2 50

Fosse (La) à fumier, par Boussingault. In-8°. 1 25

Fromage de Hollande, sa fabrication, par Le Sénéchal. In-18. 50 c. Fait partie de l'*Almanach de l'Agriculteur praticien* pour 1865.

Galéga (Le). — Nouveau fourrage, sa culture, son usage et son profit, par Gillet-Damitte, 2e édit. 1 vol. in-18. 1 25

Gardes forestiers (*Guide pratique à l'usage des*), traitant des arbres et arbustes forestiers, de l'ensemencement des diverses espèces et de l'agriculture forestière, etc., etc., par Vidal. 1 vol. in-8° et 4 lithog. 3 fr.

Guanos naturels. — Etude sur les guanos naturels en général et sur le guano du Pérou en particulier, par CRUSSARD. In-8°. 40 c.

Huîtres (*Les*). par l'abbé X. MOULS. 3e édit. 1 vol. in-18. 1 50

Incubation (*De l'*) **artificielle**, par A. LEROY. In-18 avec 2 fig. 50 c.

Irrigation. — Traité pratique de l'Irrigation des Prairies, par J. KEEL-HOFF. 1 vol. in-8° et atlas de 11 pl. 9 fr.

Laiterie (*La*). — Art de traiter le lait, de fabriquer le beurre et les principaux fromages français et étrangers, par POURIAU. 1 vol. in-18 orné de 125 fig. 4 fr.

Laiterie, Beurre et Fromages, par VILLEROY. In-18, orné de 59 fig. 3 50

Lapin domestique (*Instruct. élément. pour élever le*). In-18. 50 c.
Fait partie de l'*Almanach de l'Agriculteur praticien*, 1861.

Livre de la Ferme (*Le*) et des Maisons de campagne, publié sous la direction de JOIGNEAUX. 2 vol. grand in-8° ornés de nombr. fig. 32 fr.

Maison rustique des Dames, par Mme MILLET-ROBINET. 8e édit. 2 vol. in-18, ornés de 269 grav. 7 75

Maison rustique du XIXe siècle, publiée sous la direction de MM. BAILLY, BIXIO et MALEPEYRE. 5 vol. gr. in-8° ornés de 2,500 gr. 39 50

Matières fertilisantes, *engrais solides, liquides, naturels et artificiels,* par Gustave HEUZÉ, 4e édit. 1 vol. in-8°. 9 fr.

Moudre. — L'Art de moudre, ou Mémoire sur les moyens employés pour empêcher que la chaleur produite par la pression et le frottement des meules soit préjudiciable à la farine, par VAN LERBERGHE. In-8°. 1 50

Oies. (Voir *l'Éducation des poules* de Alexis ESPANET, page 3.)

Pisciculture. — Études théoriques et pratiques, par le vicomte H. DE BEAUMONT. 1 vol. in-18, avec fig. dans le texte. 3 50

Pisciculture. — Nouveaux éléments de pisciculture, par Isidore LAMY. 2e édit. 1 vol. petit in-8° avec fig. dans le texte. 1 75

Pisciculture. Rapport sur le repeuplement des cours d'eau , suivi des *Études sur les fécondations artificielles des œufs de poisson,* par DE QUATREFAGES et MILLET. In-8°. 1 25

Plantes fourragères, par HEUZÉ, 3e édit. 1 vol. in-8° orné de 18 pl. col. et de 38 vign. 10 fr.

Poulailler (*Le*). — Monographie des poules indigènes et exotiques, par Ch. JACQUE. 2e édit. 1 vol. in-18, 117 grav. 3 50

Poules (*Maladies des*). Causes et traitement. Tr. de l'angl. In-18. 50 c.
Fait partie de l'*Almanach de l'Agriculteur praticien*, 1862.

Ruches de tous les systèmes, ou examen et description des ruches anciennes et modernes, par BUZAIRIES et HAMET. In-8° avec 51 fig. 1 50

Ruche à espacements (*Notice sur la*) et sa culture, par SAURIA. In-8° avec 3 planches et tableaux. 1 fr.

Sorgho (*Composition chimique et extraction du sucre de la canne de*), par Paul MADINIER. In-8°. 60 c.

Sorgho à sucre (*Études et expériences sur le*), considéré aux points de vue agricole, chimique, etc., par JOULIE. 1 vol. in-8°, avec fig. 3 50

Sorgho à sucre (*Le*). — Culture, récolte, emploi de la graine, extraction du jus sucré, distillation, etc. , par Paul MADINIER. In-8°. 60 c.

Sorgho sucré (*Le*), sa culture comme plante fourragère et comme plante alcoolisable et saccharine, par Louis HERVÉ. In-8°. 60 c.

Sylviculture (*Manuel de*), par BAGNERIS, professeur à l'Ecole de Nancy. 1 vol. in-18. 3 50

Taupier (*L'Art du*), ou Méthode amusante et infaillible pour prendre les taupes, par DRALET. 16e édit. 1 vol. in-12, fig. 1 fr.

Vaches laitières (*Abrégé du traité des*), par GUÉNON. In-18, fig. 2 fr.

Vaches laitières (*Traité des*) et de l'espèce bovine en général, par F. GUÉNON, 4e édit. 1 vol. in-8°, nombreuses fig. 6 fr.

Ouvrages de M. Robinet *sur les* **Vers à soie** :

Cocon. — Nouvelles études sur le cocon. 1856. In-8°.   1 fr.

Cocons. — Procédé pour le battage des cocons, ou moyen d'obtenir des cocons le plus de soie possible. 1843. In-8°.   1 50

Magnaneries. — Expériences sur la ventilation des magnaneries. 1841. 1 vol. in-8° avec pl.   3 fr.

Mûriers. — Quatre mémoires sur le mûrier, 1840-43. In-8°.   1 50

Muscardine. — La muscardine ; des causes de cette maladie et des moyens d'en préserver les vers à soie, 2e édit. 1845. 1 vol. in-8°.   3 fr.

Soie. — Mémoire sur la filature de la soie, 1839. 1 vol. in-8° avec 7 pl.   4 50

Soie. — Mémoire sur la formation de la soie, 1844. In-8°.   1 50

Vers à soie. — De l'influence des phénomènes météorologiques sur les éducations de vers à soie, 1850. In-8°.   1 fr.

Vers à soie. — Éducation. 1846. 1 vol. in-8° avec pl.   4 50

Vers à soie (*Conseils aux nouveaux éducateurs de*), par F. DE BOULLENOIS, 2e édit. 1 vol. in-8°.   3 50

Vigne. — Résumé des opérations à suivre pendant le cours de la végétation de la vigne et étude de la rupture des bourgeons à l'état herbacé, par E. TROUILLET. 2e édit. Tableau in-folio, fig. et texte.   60 c.

Vigne. — Nouveau mode de culture et d'échalassement, applicable à tous les vignobles où l'on cultive les vignes basses, par T. COLLIGNON. 1 vol. in-8° avec 3 pl.   3 fr.

Vigne en France (*La*), et spécialement dans le sud-ouest, par ROMUALD DEJERNON. 1 vol. in-8°.   5 fr.

Vignes. — De la culture des vignes, de la vinification et du vin dans le Médoc, par A. D'ARMAILHACQ. 3e édit. 1 vol. in-8°.   7 fr.

Vins. — Traité pratique, par MACHARD. 4e édit. 1 vol. in-18.   3 50

Vins du Médoc et autres vins rouges et blancs de la Gironde, par W. FRANCK, 5e édit. 1 vol. in-8°, orné de 33 vues et une carte.   8 fr.

Vins, spiritueux, liqueurs d'exportation, etc. — Traitement pratique par les méthodes bordelaises. Vinification des grands vins rouges et blancs de la Gironde, vins ordinaires, fabrication des vins de liqueur, vermouths, vins mousseux, rhums, eaux-de-vie, liqueurs, vinaigres, huiles, etc., par BOIREAU. 1 vol. in-8° orné de 8 pl.   6 fr.

Bibliothèque de l'Horticulteur praticien.

Encouragée par MM. les Ministres de l'Agriculture et du Commerce et de l'Instruction publique

Almanach du Jardinier-Fleuriste pour 1873, suivi de notes sur le jardin potager, 18e année. 1 vol. in-18 avec fig. dans le texte.   50 c.
Les années 1860, 1861, 1863, 1868, 1869, 1870 et 1871-72, chaque 50 c.

Arboriculture. — Manuel pratique renfermant ce que les meilleurs auteurs et les praticiens ont dit de mieux sur le *défoncement*, la *plantation*, les *formes*, la *taille* et la *mise à fruit* des arbres fruitiers, par l'abbé RAOUL. 3e édit. 1 vol. in-18 avec planches.   2 fr.

Arboriculture des Écoles primaires, ou *Notions d'arboriculture fruitière* mises à la portée des enfants, par J. BRÉMOND, 3e éd. augmentée de chapitres empruntés au *Verger*. 1 vol. in-18 et atlas de 107 fig.   2 fr.
Approuvé par la Commission des bibliothèques scolaires.

Arboriculture (*Notions préliminaires d'*) à la portée de tout le monde. Conseils pratiques, par E. TROUILLET, 2ᵉ édit. In-18 orné de 21 fig.   1 fr.

Arbres fruitiers. — Conseils sur le choix, la culture et la taille des arbres fruitiers, pouvant convenir aux provinces du nord, de l'est, de l'ouest et du centre de la France, par le comte DE LAMBERTYE. In-18. orné de 33 figures.   1 fr.

Arbres fruitiers (*Des*) **et de la Vigne**, par YSABEAU. 1 vol. in-18. 75 c. Approuvé par la Commission des bibliothèques scolaires.

Arbres fruitiers et de la Vigne (*Nouvelle Méthode de taille des*), par PICOT-AMETTE, 3ᵉ édit. 1 vol. in-18 orné de 37 grav. dans le texte. 1 50

Asperges (*Semis, plantation et culture des*), par BOSSIN, 3ᵉ édit. 1 vol. in-18 avec figures.   1 fr.

Bouturer, greffer, marcotter et semer (*Guide pour*) les plantes d'ornement, annuelles ou vivaces, arbres et arbustes, extrait en partie du *Jardin fleuriste*, par LEMAIRE, LEQUIEN, le vicomte DU BUYSSON, etc., 2ᵉ édition. In-18 orné de 35 fig.   1 fr.

Cactées. — Leur culture, suivie d'une description des principales espèces et variétés, par PALMER. 1 vol. in-18, orné de 33 fig.   2 fr.

Champignons (*Culture des*), avec l'indication d'une nouvelle méthode pour en obtenir en tous lieux par l'emploi de la mousse, par SALLE, 4ᵉ édit. 1 vol. in-18, orné de 20 fig. dans le texte.   1 fr.

Champignon comestible. — Instructions pratiques sur sa culture, par JACQUIN aîné. In-18 de 24 pages.   60 c.

Culture maraîchère. — Traité théorique et pratique de culture maraîchère, par RODIGAS. 3ᵉ édit. 1 vol. in-18.   3 50

Culture potagère en pleine terre et sous châssis, par un amateur, 1 vol. in-18 orné de nombreuses figures dans le texte. (*Sous presse*).

Cyclamen. — Description et culture par un amateur. 1 vol. in-18, fig. (*Sous presse*).

Fleurs de pleine terre et de fenêtres. — Conseils sur leur culture, pouvant convenir aux provinces du nord, de l'est, de l'ouest et du centre de la France, par le comte DE LAMBERTYE. In-18.   60 c. Approuvé par la Commission des bibliothèques scolaires.

Fleurs d'appartements, de fenêtres et de balcons. — Soins à leur donner, conservation, etc., par un amateur. 1 vol. in-18 avec fig. dans le texte. (*Sous presse*).

Fuchsia (*Histoire et Culture du*), suivies de la description de 540 espèces et variétés, par F. PORCHER. 1 vol. in-18. 3ᵉ édit. (*Sous presse*).

Fraises. — Les Bonnes Fraises. Manière de les cultiver pour les avoir au maximum de beauté, par F. GLOEDE, 2ᵉ édit. 1 vol. in-18, fig.   2 fr.

Fraisier. — Sa culture en pleine terre suivie d'un choix des meilleures variétés à cultiver, par le comte DE LAMBERTYE. 1 vol. in-18. (*Sous presse*).

Jardin Fleuriste (*Le*). — Instructions pour la culture des plantes annuelles, bisannuelles, vivaces; plantes à feuilles ornementales; oignons à fleurs; arbres et arbustes, par LEMAIRE, LEQUIEN, BOSSIN, BERNARDIN, CARRIÈRE, vicomte DU BUYSSON, PALMER, PORCHER, RIVIÈRE fils, etc., revu et complété par Auguste RIVIÈRE, jardinier en chef du Luxembourg, 3ᵉ édit. 1 vol. in-18, orné de 94 figures.   3 50

Jardinage. — Éléments de jardinage pouvant convenir aux provinces du nord, de l'est, de l'ouest et du centre de la France, par le comte DE LAMBERTYE. 1 vol. in-18 avec fig. dans le texte.   1 fr.

Légumes. — Conseils sur les semis de graines de légumes, offerts aux habitants de la campagne, par le comte DE LAMBERTYE, 3e éd. In-18. 30 c.
Approuvé par la Commission des bibliothèques scolaires.

Légumes et fleurs. — Conseils sur la culture de légumes et de fleurs sous un, deux ou trois châssis, pendant les douze mois de l'année, pouvant convenir aux provinces du nord, de l'est, de l'ouest et du centre de la France, par le comte DE LAMBERTYE. 1 vol. in-18 orné de fig. dans le texte. 50 c.
Approuvé par la Commission des bibliothèques scolaires.

Melons (*Culture des*). Méthode simple et précise pour obtenir les melons d'une grosseur extraordinaire, etc., par DUFOUR DE VILLEROSE, 2e édit. 1 vol. in-18 orné de 5 grav. 1 fr.
Approuvé par la Commission des bibliothèques scolaires.

Melon. — Instructions pratiques sur sa culture sous châssis, sous cloche et en pleine terre, par Martin JACQUIN. In-18 de 36 pages. 60 c.

Mouvement horticole de 1867. — Revue des progrès accomplis dans toutes les branches de l'horticulture, avec la relation complète de l'Exposition universelle d'horticulture qui a eu lieu au Champ-de-Mars, par E. ANDRÉ, 1 vol. in-18 de 324 pages. 2 25

Oignons à fleurs. — Semis et culture, par un Amateur. 1 vol. in-18 avec fig. (*Sous presse*).

...tes à feuilles ornementales en pleine terre (*Les*): *Caladium, Canna, Gynerium, Musa, Solanum, Wigandia*, etc. Botanique et culture, par le comte DE LAMBERTYE. 2 vol. in-18 ornés de fig. et tableaux. 2 fr.

Plantes de pleine terre, annuelles, bisannuelles et vivaces. — Instructions pratiques sur leur culture, par MARTIN-JACQUIN. 1 vol. in-18 de 100 pages. 1 50

Plantes molles de pleine terre : *Pétunia, Géranium, Pensée, Verveine, Héliotrope.* Culture pratique par le vicomte F. DU BUYSSON. 1 vol. in-18, fig. 1 fr.

Pomone agricole. — Plantation et culture du poirier et du pommier dans les champs et les vergers, suivie d'une notice sur la fabrication du cidre et sur la préparation alimentaire des poires et des pommes, par Ferdinand MAUDUIT, 1 vol. in-18 orné de 25 fig. dans le texte. 1 25
Ouvrage couronné par la Société impériale et centrale d'horticulture de la Seine-Inférieure. — Approuvé par la Commission des bibliothèques scolaires.

Reine-Marguerite (*Culture de la*); par MALINGRE. In-18. 40 c.

Rosier. — Semis, culture et taille, par MARGOTTIN fils. 1 vol. in-18 avec figures. (*Sous presse*).

Fruits et légumes de primeur (*Traité général de la culture forcée par le thermosiphon des*), par le comte DE LAMBERTYE.
Cet ouvrage sera publié en sept livraisons de 48 pages in-8°.
Prix de chaque livraison. 1 25

Les livraisons seront ainsi composées :
Melon et Concombre, 1 livr. ; — **Ananas**, 1 livr. ; — **Vigne,** 1 livr. ; — **Fraisier**, 1 livr. ; — **Groseillier, Framboisier, Figuier**, 1 livr. ; — **Pêcher, Prunier, Cerisier, Abricotier**, 1 livr. ; — **Tomate et Haricot**, 1 livr.

Les livraisons **Fraisier, Vigne, Melon et Concombre, Tomate et Haricot** *sont parues.*
Des rapports très-favorables de cet ouvrage ont déjà été faits par la *Société d'horticulture de Paris* et par un grand nombre de Sociétés les plus importantes des départements.

Arbres fruitiers, Botanique, Culture potagère, Jardinage.

Almanach Gressent pour 1873, contenant les principes élémentaires d'*Arboriculture* et de *Potager*, par Gressent. In-18, fig. 50 c.

Arboriculture (*L'*) **fruitière** comprenant la culture *intensive et extensive* des fruits de table ; la *spéculation fruitière sans capital* ; les soins à donner aux *pépinières*, aux *plantations urbaines*, *d'alignement* et *forestière*, par Gressent, 4e édit. 1 vol. in-18 avec 392 fig. dans le texte. 7 fr.

Arbres et arbrisseaux à fruits de table. 6e édit. du *Cours d'arboriculture*, par Dubreuil. 1 vol. in-18 orné de 573 fig. 8 fr.

Arbres et arbrisseaux d'ornement (*Culture des*), par Dubreuil. 6e édition. 1 vol. in-18 orné de 190 fig. 5 fr.

Arbres fruitiers (*Instruction élémentaire sur la conduite des*), par Dubreuil, 6e édit. 1 vol. in-18, fig. 2 50

Arbres fruitiers (*Taille raisonnée des*), par J.-A. Hardy, 6e édit. 1 vol. in-8° avec 134 figures. 5 50

Arbres fruitiers. — Traité de la culture des arbres fruitiers, contenant une nouvelle méthode de les tailler, avec une méthode particulière de guérir les maladies qui attaquent les arbres fruitiers, par Forsyth, 2e édit., 1805. 1 vol. in-8° orné de 13 pl. (Exempl. broch. ou rel.) 5 50

Arbres fruitiers (*Traité des*), contenant leur figure, leur description, leur culture, etc., par Duhamel du Monceau, 1768. 2 vol. grand in-4° reliés, ornés de 181 planches gravées. 45 fr.

Asperges. Culture en plein air, par Lhérault-Salboeuf. In-18. 50 c.

Asperges. — Instructions générales sur leur culture, par Louis Lhérault, 2e édit. in-18 de 40 pages. 1 fr.

Bon Jardinier (*Le*) pour 1873, par Poiteau, Vilmorin, Decaisne, Neumann, Pépin. 1 vol. in-12. 7 fr.

Bon Jardinier (*Figures de l'Almanach du*), par Decaisne, 22e éd., 632 grav. et 45 pl. 1 vol. in-12. 7 fr.

Botanique. — Traité général de botanique descriptive et analytique, par Le Maout et Decaisne. 1 fort vol. in-4° orné de 5,500 fig. 30 fr.

Botaniste et herboriste (*Petit manuel du*), suivi de principes de médecine, de pharmacie, etc., par L. T., F. M. et P. M. 2e édit. 1 vol. in-12 orné de 6 planches. 1 75

Boutures. (*Voir le Jardin fleuriste, page 10.*)

Catalogue descriptif et raisonné des arbres fruitiers et d'ornement pour 1868, par André Leroy. In-8°. 1 fr.

Chasselas (*Culture du*), à Thomery, par Rose Charmeux. 1 vol. in-18 orné de 41 fig. 2 fr.

Concombre. — Culture forcée. *Voyez* **Melon**, page 14.

Conifères. — Traité général des conifères, ou description de toutes les espèces et variétés de ce genre aujourd'hui connues, avec leur synonymie, l'indication des procédés de culture et de multiplication qu'il convient de leur appliquer, par E.-A. Carrière. Nouvelle édit., 2 vol. in-8°. 20 fr.

Cuisinière (*La*) de la ville et de la campagne, par L. E. A. 45e édit. 1 vol. in-18 cart., orné de 300 fig. 3 fr.

Culture maraîchère de Paris. — Manuel pratique par Moreau et Daverne, 4e édit. 1 vol. in-8°. 5 fr.

Encyclopédie horticole, ouvrage contenant les principaux termes employés en botanique, en horticulture, en sylviculture et en agriculture ; l'indication des divers procédés de culture et de multiplication des végétaux, le nom des insectes les plus préjudiciables à ces derniers, ainsi que les moyens de les combattre, par Camiran. 1 vol. in-18. 3 50

Entomologie horticole. — Histoire des insectes nuisibles à l'horticulture, avec l'indication des moyens propres à les éloigner ou à les détruire, et l'histoire des insectes et autres animaux utiles aux cultures, par le docteur Boisduval. 1 vol. in-8° orné de 125 figures. 6 fr.

Fécondation naturelle et artificielle des végétaux (*De la*) et de l'hybridation, par H. Lecoq. 2° édit. 1 vol. in-8° orné de 106 grav. 7 50

Figuier blanc d'Argenteuil. — Culture par Louis Lhérault. Brochure in-18. 50 c.

Fleurs coloriées (*Album de*) annuelles et vivaces, par Vilmorin-Andrieux. 21 planches in-f° sont en vente. Chaque pl. avec texte. 4 fr.

Fleurs de pleine terre (*Les*), comprenant la description et la culture des fleurs annuelles, vivaces et bulbeuses de pleine terre, etc., par Vilmorin Andrieux, 3° édit. 1 fort vol. petit in-8° orné de près de 1,800 gr. 12 fr.

Flore élémentaire des jardins et des champs, avec des clefs analytiques conduisant promptement à la détermination des familles et des genres, etc., par Le Maout et Decaisne. 2 vol. petit in-8°. 9 fr.

Fruits. — Les meilleurs fruits par ordre de maturité; culture et soins qu'ils réclament, par P. de Mortillet. Silhouette et dessins des fruits, fleurs et noyaux, dessinés par l'auteur.

Tome I, le **Pêcher.** 1 vol. in-8°. 8 fr.

Tome II, le **Cerisier.** 1 vol. in-8°. 7 fr.

Tome III, le **Poirier.** 1 vol. in-8°. 9 fr.

L'ouvrage complet se composera de six volumes.

Fruits à cultiver (*Les*), leur description, leur culture, par Ferdinand Jamin. 1 vol. in-18. 1 50

Graines et Fruits. — Moyens de les grossir, de doubler les fleurs et d'en varier les proportions et la forme, par A. Barbier. In-8°. 1 fr.

Greffes diverses. (*Voir le Jardin fleuriste*, page 10.)

Jardin fruitier. — L'École du jardin fruitier, comprenant l'origine, le choix, la plantation, la transplantation des arbres; les pépinières, les greffes, la taille et les formes qu'on peut donner aux arbres fruitiers, etc., par De la Bretonnerie, 1784 et autres dates. 2 vol. in-12 rel. ou broch. 6 fr.

Jardin fruitier du Muséum, ou iconographie de toutes les espèces et variétés d'arbres fruitiers cultivés dans cet établissement, avec leur description, leur histoire, leur synonymie, etc., par J. Decaisne. Cet ouvrage paraît par livraisons in-4° de 4 planches supérieurement gravées et coloriées avec texte. La 114° livr. vient de paraître. Prix de la livr. 5 fr.

Jardinage (*La pratique du*); par Roger Schabol. 2 vol. in-12 reliés. (*Rare et recherché.*) 6 fr.

Jardinage (*La théorie du*), par l'abbé Roger Schabol. 1 vol. in-12 relié. (*Rare et recherché.*) 3 50

Jardinage. — Manuel pratique à l'usage de la France méridionale, par J. Oroix. — 1re partie : Culture maraîchère, 1 vol. in-12. 1 fr.

Jardinier fleuriste (*Le Nouveau*) pour 1873, par Lavallée, Neumann, Verlot, Courtois-Gérard, Burel, etc. 1 vol. in-18 orné de 500 fig. 7 fr.

Jardinier fruitier (*Le*). — Principes simplifiés de la taille des arbres fruitiers, par E. Forney. 2 vol. in-8°, fig. 8 fr.

Jardinier solitaire (*Le*), ou Dialogues entre un curieux et un jardinier solitaire, contenant la méthode de faire et de cultiver un jardin fruitier et potager, etc., 1 vol. in-12 relié. (*Ouvrage ancien et rare.*) 4 fr.

Jardins. — Manuel de l'amateur des jardins. Traité général d'horticulture, par DECAISNE et NAUDIN. 4 vol. in-8°, ornés de 537 fig. 30 fr.

Jardins (*Traité de la composition et de l'ornement des*), avec 161 pl. représentant, en plus de 600 fig., des plans de jardins, des machines pour élever les eaux, etc. 6° édit. 2 vol. in-4° oblong. 25 fr.

Jardin potager (*L'École du*), qui comprend la description des plantes potagères, les qualités de terre et les climats qui leur sont propres, etc.; la manière de dresser et conduire les couches, et d'élever des champignons en toutes saisons, par DE COMBLES. 2 vol. in-12 reliés. (*Rare.*) 6 fr.

Légumes coloriés (*Album de*), par VILMORIN-ANDRIEUX. 22 planches in-f° sont en vente. Chaque planche se vend séparément. 3 fr.

Melon et Concombre. — Leur culture forcée, par le comte DE LAMBERTYE. In-8°. 1 25

Oignons à fleurs coloriées (*Album d'*), par VILMORIN-ANDRIEUX. 18 livraisons sont en vente. Chaque planche se vend séparément. 4 fr.

Parcs et Jardins. — Prix de règlement ou tarif des travaux de jardinage, de plantations, d'exploitat. des forêts, etc., par LECOQ. Gr. in-8°. 3 fr.

Pêcher en espalier carré (*Pratique raisonnée de la taille du*), par Al. LEPÈRE. 5° édit. 1 vol. in-8° avec 8 planches. 4 fr.

Pensée (*La*), la **Violette**, l'**Auricule** ou Oreille-d'Ours, la **Primevère.** — Histoire et culture, par RAGONOT-GODEFROY. In-18, fig. col. 2 fr.

Pincement des feuilles (*La direction des Arbres par le*), et notamment du pêcher, par GRIN aîné, 3° édit. in-18 de 72 pages, fig. 1 50

Plantes, Arbres et Arbustes (*Manuel général des*). Description et culture de 25,000 plantes indigènes d'Europe ou cultivées dans les serres; par HÉRINCQ, JACQUES et DUCHARTRE. 4 vol. petit in-8°. 36 fr.

Plantes de serre. — Traité théorique et pratique de la culture de toutes les plantes qui demandent un abri, par DE PUYDT. 2 vol. in-18. 6 fr.

Plantes de terre de bruyère. — Description, histoire et culture des rhododendrons, azalées, camellias, bruyères, épacris, etc., par E. ANDRÉ. 1 vol. in-18 orné de 30 fig. 8 50

Pomologie. — Dictionnaire de Pomologie, contenant l'histoire, la description, la figure au trait des fruits anciens et modernes les plus généralement connus et cultivés, par André LEROY, pépiniériste. — La série des *Poires*, 2 vol. grand in-8°. 20 fr.

Pomone française (*La*). — Traité de la culture et de la taille des arbres fruitiers, suivi d'un traité de Physiologie végétale, par le comte LELIEUR, 3° et dernière édition, *très-rare*. 1 vol. in-8°, orné de 15 planches gravées. 12 fr.

Poirier (*Taille du*) **et du Pommier** en fuseau, par CHOPPIN. 1 vol. in-8°, fig., 3° édition. 3 fr.

Potager moderne (*Le*). Traité complet de la culture des légumes, par GRESSENT, 3° édit. 1 vol. in-18 avec fig. dans le texte. 7 fr.
Ouvrage couronné par la Société centrale d'horticulture de Paris.

Rosier, culture, multiplication. (*Voir le* **Jardin fleuriste.**)

Vigne. — Multiplication de la vigne par bouturage souterrain, par A. RIVIÈRE, jardinier en chef du Luxembourg. In-8° de 32 pages, orné de 18 gravures. 2 fr.

Encyclopédie du Sportsman.

Alouette. — De la chasse de l'alouette au miroir avec le fusil, par Nérée Quépat. 1 vol. in-18 orné de grav. 1 50

Bécasse. — Le Chasseur à la bécasse, par Polet de Faveaux (Sylvain). 1 vol. in-18 orné de 35 figures dans le texte. 3 50

Chasse. — Pratique de la chasse, par J.-A. Clamart, 2ᵉ édit. 1 vol. in-18, figures de Ch. Jacque, Pizetta, Yan d'Argent, etc. 3 50

Chasse à courre et à tir. — Nouveau traité par le baron de Lage de Chaillou, A. de la Rue, et le marquis de Cherville. 2 vol. in-8° avec fig. dans le texte par Ch. Jacque, Pizetta, Yan d'Argent, etc. 20 fr.
Le même, imprimé sur papier vergé. 40 fr.

Chasse à tir et à courre. — Du droit de suite et de la propriété du gibier tué, blessé ou poursuivi, par Alexandre Sorel, juge au tribunal civil de Compiègne, etc., 2ᵉ édit. mise au courant de la jurisprudence. 1 vol. in-18. (*Sous presse.*)

Chasse au chien d'arrêt. — Gibier à plumes, par Chenu, 1 vol. in-18 orné de 89 planches et 19 vignettes, représentant 300 sujets divers. 3 50

Chasse aux petits oiseaux. — Manuel du tendeur, par Crahay, 2ᵉ édit. 1 vol. in-18. 1 50

Chasseurs. — Conseils aux chasseurs. Manière de peupler et d'entretenir une chasse de menu gibier; élevage du gibier, etc., par Bemelmans. 1 vol. in-18 avec figures. 3 50

Chasseur infaillible. — Le chasseur infaillible; Guide complet du sportsman. contenant l'usage du fusil, le tir, le vol des oiseaux, le dressage des chiens, par Marksman, traduit de l'anglais sur la 3ᵉ édition par Ch. Kerdoel, augmenté d'un appendice sur le tir des oiseaux de marais et du gibier de mer. 1 vol. in-18, fig. 3 50

Chevaux. — Conseils aux acheteurs de chevaux, ou Traité de la conformation extérieure du cheval, avec des instructions pour l'appréciation, avant la vente, des vices, défauts, affections, etc., suivi de la loi sur les vices rédhibitoires et la garantie du vendeur, par John Stewart, traduit de l'anglais par le baron d'Hanens. 1 vol. in-18, fig. 3 50

Chevaux. — Conseils aux éleveurs de chevaux, par Charles du Hays. 1 vol. in-18, fig. 3 50

Chevaux de chasse. — Leur condition en France, par le comte Le Couteulx de Canteleu, 2ᵉ édit. 1 vol. in-18. 1 fr.

Chiens. — Les maladies des chiens et leur traitement, par Hertwig. 2ᵉ édit. 1 vol. in-18. 3 50

Chien de chasse (*Du*). — Chiens d'arrêt, espèces et variétés, élevage, nourriture, maladie, éducation, dressage, extrait du *Nouveau Traité des chasses à courre et à tir.* 1 vol. in-18 orné de 15 fig. 2 50
Le même, imprimé sur papier vergé. 5 fr.

Chien de chasse (*Du*). — Chiens courants, espèces et variétés, élevage, hygiène, nourriture, maladies, éducation, dressage, extrait du *Nouveau Traité des chasses à courre et à tir.* 1 vol. in-18 orné de 17 figures et d'un plan de chenil chromo-lithographié. 3 50
Le même, imprimé sur papier vergé. 7 fr.

Coq de bruyère (*La chasse au*). — Histoire naturelle, mœurs, lieux habités par ces oiseaux. L'art de les chercher, de les tirer, de les élever en volière, par Léon de Thier. 1 vol. in-18 avec fig. 2 50

Dommages aux champs causés par le gibier, *lapins, lièvres, sangliers, etc.* — De la responsabilité des propriétaires de bois et forêts, et des locataires de chasses, par Alexandre Sorel, juge au tribunal civil de Compiègne, etc. 2ᵉ édit. revue et augmentée 1 vol. in-18. 3 50

Ecurie. — Economie de l'Ecurie. Traité de l'entretien et du traitement des chevaux (écurie, pansage, nourriture, boisson, travail), par JOHN STEWART, traduit de l'anglais sur la 7e édition par le baron D'HANENS. 1 vol. in-18 orné de 20 figures. 3 50

Ferrure du cheval (*La*). — Organisation, maladies et hygiène du pied, par L. GOYAU, professeur à Saint-Cyr. 1 vol. in-18, orné de 88 fig. 3 50

Chasse, Chiens, Oiseaux de Chasse et de Volière, etc.

Cailles, Perdrix, Colins ou Cailles d'Amérique. — Guide pratique pour les élever, etc., par ALLARY. Edition augmentée d'un chapitre sur l'*Incubation artificielle*, par A. LEROY. 1 vol. in-18. Fig. 1 50

Chasse. — Carnet de chasse, in-18 oblong, cartonné, toile angl. 2 50

Chasse aux chiens courants ou Vénerie normande (*L'École de la*), par LE VERRIÉR DE LA CONTERIE. 1 vol. in 8o. 6 fr.

Chasse de Gaston Phœbus (*La*), comte de Foix, envoyée par lui à messire Philippe de France, duc de Bourgogne, collationnée sur un manuscrit ayant appartenu à Jean 1er de Foix, avec des notes et la vie de Gaston Phœbus, par Joseph LAVALLÉE. 1854. 1 vol. in-8o orné de 13 fig. 20 fr.

Chasse royale (*La*), divisée en quatre parties qui contiennent les Chasses du Cerf, du Lièvre, du Chevreuil, du Sanglier, du Loup et du Renard, etc., par messire Robert DE SALNOVE. 1 vol. gr. in-8o papier vélin. 25 fr.

Chiens. — Exposition canine du bois de Boulogne. Mai 1863. In-folio oblong, composé de 11 lithographies coloriées, de 8 photographies et d'un texte descriptif orné de 9 fig. 20 fr.
Il ne reste que 6 exempl. de cet album.

Faisan. — Du faisan considéré dans l'état de nature et dans l'état de domesticité, par Léon BERTRAND. Traité suivi d'instructions pratiques pour l'établissement d'une faisanderie et l'éducation des faisans par A. ROUZÉ, ex-garde faisandier. 1851. Brochure in-8o de 32 pages, fig. 3 50

Faisans, Canards mandarins, Cygnes, etc. — Guide pratique pour les élever, par ARTHUR LEGRAND. 1 vol. in-18 avec fig. 2 fr.

Faisans et Perdrix. — Alimentation publique; repeuplement des chasses; agrémentation des habitations. Nouvelle méthode d'élevage, par E. LEROY. 1 vol. in-18 de 176 pages, accompagné de 6 pl. 3 50

Oiseaux de volière (*Manuel de l'amateur des*), ou Instruction pour connaître, élever, conserver et guérir toutes les espèces d'oiseaux que l'on aime à garder en volière ou dans la chambre, par BECHSTEIN. *Nouvelle édition.* 1 vol. in-18, orné de fig. dans le texte. 3 50

Oiseaux de volière (*Petits*). *Cacatois, Aras, Perroquets, Perruches* et autres passereaux exotiques. Conservation, reproduction, par MERCIER, ex-inspecteur du Jardin d'acclimatation. 1 vol. petit in-18. 1 50

Piqueurs, cochers, grooms et palefreniers (*Manuel des*), à l'usage des écoles de dressage et d'équitation de France, par le comte DE MONTIGNY, 2e édition. 1 vol. in-18 orné de planches. 5 fr.

Vénerie (*La*) **de Iacqves dv Fovillovx.** De nouueau reueüe, augmentée de la méthode pour dresser et faire voler les oyseaux, par M. DE BOISOUDAN, précédée de la biographie de Jacques du Fouilloux, par M. PRESSAC. 1 vol. in-4o orné de nombr. grav. et de lettres ornées. 15 fr.

Vénerie. — Traité de Vénerie par d'YAUVILLE. 1859. 1 vol. grand in-8o papier vélin, orné de 4 grandes gravures hors texte, de 9 fig. médaillons et accompagné de 42 fanfares. 25 fr.

DE LA CONDITION

DES

CHEVAUX DE CHASSE

EN FRANCE

Paris. — Imprimerie Viéville et Capiomont, rue des Poitevins, 6.

DE LA CONDITION

DES

CHEVAUX DE CHASSE

EN FRANCE.

PAR

LE COMTE LE COUTEULX

DEUXIÈME ÉDITION

PARIS

LIBRAIRIE CENTRALE D'AGRICULTURE ET DE JARDINAGE

Rue des Écoles, 62 (ancien 82), près le Musée de Cluny

— Auguste GOIN, éditeur —

PRÉFACE

DE LA SECONDE ÉDITION

Une seconde édition pour ce petit volume ! J'avoue franchement que cela m'étonne, non pas que je n'aie, comme tous les auteurs, un peu la fatuité de croire que ce que j'ai écrit mérite plusieurs éditions : on a toujours une faiblesse pour ses enfants; mais vingt ans d'expérience m'ont prouvé qu'on a si peu de goût réel, en France, pour les chevaux, si peu de dispositions à s'en occuper sérieusement, et tant d'amateurs m'ont si souvent plaisanté sur mon *Don Quichottisme* à cet égard, que je croyais bien que cette brochure finirait, comme bien d'autres aussi bonnes, par envelopper du beurre ou du cirage.

Enfin, il paraît qu'elle a réussi et qu'on la demande ; j'en suis heureux, puisque cela me prouve que je me suis trompé.

J'avais l'intention d'y ajouter quelques pages, mais, après avoir lu dernièrement les deux excellents ouvrages de M. Gaume[1], j'ai trouvé que je n'avais rien à dire de plus, si ce n'est de recommander à tous mes lecteurs de lire et d'étudier ces deux excellents volumes qui complètent le mien beaucoup mieux que je n'aurais pu le faire.

Cᵗᵉ LE COUTEULX.

Saint-Martin, mars 1878.

1. *Le cheval de guerre*, 1 vol. in-18, *franco*, 3 fr. 50.
Les Causeries chevalines. 1 vol. in-18, *franco*, 3 fr. 50.

A M. X***.

Mon cher ami,

Vous vous êtes étonné plusieurs fois du travail que pouvaient faire chez moi des chevaux d'une apparence ordinaire, et de la durée et de la résistance qu'y acquéraient des animaux qui, dans d'autres mains, avaient eu souvent la réputation de n'avoir ni grand fond ni grande santé. Je vous ai toujours répondu que la seule et unique cause était la *condition*, dont je m'occupais toujours.

Vous m'avez demandé plusieurs fois de vous exprimer mes idées à ce sujet, et je viens aujourd'hui, que vous me le demandez de nouveau, vous parler un peu d'une chose trop méconnue en France, même par bien des amateurs de chevaux. J'espère être ainsi utile à certains de mes collègues en saint Hubert, qui se plaignent toujours d'être démontés; et cependant, je suis sûr qu'ils vont se récrier, quand je commencerai par leur dire franchement que, s'ils sont démontés, c'est presque toujours par leur faute : c'est ce que je vais tâcher de leur prouver.

DE LA CONDITION

DES CHEVAUX DE CHASSE

EN FRANCE

La condition.

Je définirai la condition d'un cheval : son état rendu tel, par une préparation judicieuse, qu'il puisse supporter de grands efforts et un travail dur et prolongé sans en souffrir. Par la perte de la graisse inutile, le travail gradué des poumons, l'exercice contenu des muscles, la nourriture appropriée et une hygiène intelligente, l'animal doit arriver à pouvoir donner toutes ses forces et déployer toute sa puissance, sans que l'équilibre soit rompu et qu'une partie quelconque de lui-même souffre plus qu'une autre.

Aucun être ne peut être amené à développer impunément toute sa force, sans être en condition. Le

jockey ne peut courir sans la condition qui lui permet
de faire cinq ou six courses dans la même journée et
de quinze à dix-huit kilomètres, sans que la respiration lui manque, et sans que ses bras faiblissent en
tenant des chevaux que les hommes les plus vigoureux, mais non préparés par un travail progressif et
judicieux, ne pourraient souvent pas maintenir. Le
boxeur ne peut lutter, s'il n'est en condition, et ses
muscles, devenus comme de l'acier, supporteront
alors des chocs qui les briseraient s'ils n'étaient en
condition. Les chiens courants ne pourraient forcer
des animaux s'ils n'étaient en condition, et les meilleurs seraient bientôt hors d'haleine, s'ils n'étaient
préparés petit à petit pour arriver à dominer par le
train et par la résistance les animaux sauvages les
plus vigoureux.

Rien de plus inconnu en France, parmi les chasseurs, que la condition. Ceux qui en parlent, la plupart du temps, ne savent pas au juste ce que c'est, ni
comment on l'obtient; ils ne s'en inquiètent pas,
achètent un cheval chez un marchand, chassent avec,
trois jours après, et s'étonnent que le cheval ne marche
pas ou qu'il soit fourbu, tandis que ce qui serait plus
extraordinaire, c'est qu'il pût chasser ou qu'il pût
survivre à la chasse. Que de bons chevaux ont été

ainsi perdus ! Que de chevaux d'élite ont été ainsi tarés, usés avant l'âge !

La mise en condition comprend beaucoup de choses différentes. Pour étudier avec fruit et se rendre compte de ce qui est nécessaire pour mettre un cheval en condition, il faut d'abord examiner comment et par où périt ou s'use généralement un cheval de chasse, puis examiner et étudier ensuite comment il faut remédier aux différentes causes de destruction.

Comment s'use le cheval de chasse.

Un cheval de chasse s'use :

1° Par la respiration, pousse, cornage, etc.;
2° Par la destruction de l'intérieur ;
3° Par l'usure des membres, soit tares, soit roideur;
4° Par les pieds.

1° Si le cheval s'use par la respiration, et surtout par la pousse, la plupart du temps, c'est par suite d'une nourriture trop abondante d'un vert donné mal à propos, suivie d'efforts sans être en condition ; c'est donc la faute de celui qui le soigne et le nourrit, et qui l'a fait travailler sans être en état de le faire.

2° Si le cheval s'use par l'intérieur, qu'il ne mange plus, se vide continuellement, devient étique, ne réparant plus ce qu'il perd par le travail et la transpiration, etc., c'est certainement la faute de celui qui le soigne et le nourrit, et qui ne sait pas l'entretenir en état.

3° Si le cheval s'use par des tares aux membres,

molettes, vessigons, dilatations des capsules synoviales, suros, éparvins, jardons, etc., c'est encore généralement la faute de celui qui le soigne, soit qu'on lui ait demandé des efforts sans qu'il fût en condition, soit qu'on n'ait pas entretenu ses membres par des soins intelligents, et remédié, à mesure qu'ils apparaissaient, aux différents petits accidents qui sont inhérents aux membres du cheval et lui arrivent par suite de chasses trop dures, d'efforts, de coups, etc. Si les membres ont été entretenus, si on a remédié aux différentes petites tares aussitôt qu'elles apparaissent, les membres doivent durer la vie ordinaire du cheval, c'est-à-dire jusqu'à quinze ou seize ans. L'usure, dans ce cas, est donc encore la faute de celui qui le soigne.

Si le cheval s'est usé par la roideur des membres, sans que le manque de condition en soit cause, ce n'est généralement la faute de personne, et le mal est sans remède. C'est l'usure qu'on peut le moins combattre et prévenir.

4° Si le cheval s'use par les pieds, quatre-vingt-dix fois sur cent, c'est par la faute de la ferrure, et le maréchal seul est la cause de cette usure. Pieds bien entretenus, bonne ferrure, pas de fourbure, ou au moins fourbures bien soignées, et le cheval ne doit pas s'user par les pieds, si toutefois il n'y a pas vice de conformation.

Voilà comment s'use ou peut s'user le cheval de chasse. Examinons maintenant comment on doit mettre un cheval de chasse en condition et comment on doit remédier aux différentes causes d'usure. Commençons d'abord par la mise en condition au point de vue général.

Mise en condition du cheval de chasse,

Je suppose un cheval que vous avez acheté dans l'intention de le faire chasser. Il est dressé, il a travaillé, il sort de chez un marchand ou de tout autre endroit analogue; sa construction vous parait bonne au point de vue du service, ses allures sont naturelles. Il est en bon état, gras; vous êtes au printemps ou à l'été, en juin, je suppose; il faut préparer votre cheval pour la saison de chasse. Que ferez-vous?

D'abord, avec la main, vous tâtez votre cheval, partout, mais sur le corps principalement et avec plus de soin sur la croupe et sur le cou. Si vous trouvez la chair molle et cédant sous le doigt, les membres un peu ronds et un peu empâtés, vous faites seller le cheval, vous le montez et vous vous rendez dans un champ labouré ou sur une route sablée profondément; vous mettez le cheval, au petit galop, dans la main, en faisant travailler l'arrière-main et plier un peu l'encolure. Le cheval souffle immédiatement, en un instant il est en nage : sa sueur est blanche et ressemble à de la mousse de savon. N'allez pas plus loin, votre

cheval n'est pas en condition, et il ne faut, pour le
moment, lui demander rien de trop : rentrez-le tran-
quillement à l'écurie et faites-le mettre pour deux
jours au barbotage et à la diète, pour lui administrer
une purgation le troisième jour. Ne craignez pas que
j'abuse de ces dernières : peut-être, si votre cheval est
trop gras, trop lourd, vous en permettrai-je une à la
fin d'août, mais ce sera tout ; car, dans une bonne
hygiène, il vous faut éviter l'écueil contre lequel
viennent échouer beaucoup de chevaux de chasse en
Angleterre, la destruction de l'estomac et de l'intérieur par l'excès des purgations et des drogues propres
à donner de l'appétit. D'ailleurs, en France, nos chevaux de chasse doivent être beaucoup plus hauts
d'état qu'en Angleterre, ils n'ont pas le même genre
de service à faire. Le cheval de chasse, en Angleterre,
doit supporter deux heures de grand train et d'efforts
constants ; le cheval de chasse, en France, doit généralement supporter, sans manger, huit à dix heures
de travail continu et d'efforts, mais à un train beaucoup moins vite. Les conditions du cheval de course,
du cheval de chasse en Angleterre, et du cheval de
chasse en France, sont donc très-différentes.

Tout l'été, vous ferez donner à votre cheval du sel
de Glauber dans la proportion d'une bonne poignée

dans un barbotage, au moins tous les dix ou douze jours. — Il aura une nourriture substantielle, mais graduée, composée d'une demi-botte ou d'un quart de botte de foin, d'une botte de paille et de dix à douze litres d'avoine, tous les jours, pour commencer, et suivant la nature du cheval. Il aura un travail régulier tous les jours ou deux jours de suite, avec un repos le troisième. Sa sortie sera au moins de deux heures : d'abord une marche au pas d'une heure sur un terrain doux et lourd, de préférence dans un champ labouré ; ensuite du trot modéré, mais continu, sur un terrain pas trop dur, au moins pendant une lieue ; ensuite une demi-heure de pas au moins, et rentrer au pas. Ce travail continuera ainsi pendant six semaines, jusqu'au 15 juillet environ. Vers cette époque, vous allongerez le temps de trot et vous commencerez à remplacer le pas par le trot dans le travail en plein champ, mais toujours sans pousser le cheval aux allures extrêmes. Vous continuerez ainsi jusqu'au 15 août environ. Les muscles de votre cheval commenceront déjà à devenir plus durs et plus fermes, ils auront pris plus de force, et sa résistance et sa respiration seront meilleures. Vous commencerez à augmenter son train dans le travail, et c'est alors, s'il est encore trop gras, que vous pourrez lui faire administrer une nouvelle purgation. Quelques jours après, vous pourrez augmenter un peu son avoine, pour arriver, suivant la nature du cheval, jusqu'à quatorze et seize litres. Le travail s'augmentera alors d'un galop dans les labourés, en suivant toujours une progression, commençant d'abord par un galop peu long et peu vite, pour finir au 15 septembre par un bon galop, train de chasse, d'une lieue ou deux. Si le cheval est encore trop gras, si vous ne distinguez pas bien les muscles du cou, des reins et des cuisses, s'il sue trop, si sa sueur est blanche et savonneuse et non incolore et limpide, vous lui donnerez deux ou trois galops en couvertures en chargeant davantage les parties que vous voudrez alléger : ainsi, par exemple, si l'encolure est trop forte, trop empâtée, vous lui mettez un ou deux camails. Si, au contraire, il a trop de ventre, vous lui mettez deux ou trois couvertures. Naturellement vous terminez toujours son exercice par un travail au pas et par un très-bon pansage en rentrant, avec bonnes couvertures de flanelle et soins des membres, comme je l'indiquerai plus tard.

En suivant cette préparation, votre cheval doit commencer à être en condition vers la fin de septembre ; il sera loin d'être complétement prêt, mais il pourra commencer à chasser sans trop de craintes d'accident. Vers cette époque, comme il commence à changer de poil, et qu'il souffre de ce travail qui se fait en lui, et qui lui ôte une partie de ses forces et l'épuise, il vous faut redoubler de soins pour lui, en le couvrant beaucoup, pour que la chaleur active la chute du poil, et surtout en lui donnant une nourriture forte et substantielle. Du 15 septembre au 15 octobre, je vous conseille donc de lui donner, chaque jour, un repas de féveroles (deux litres, trempées successivement dans trois eaux que l'on jette), puis vous mettrez du fer, clous, ferrailles, etc., dans l'eau qu'il devra boire. Tout cela lui donnera de la force pour supporter le travail qui se fait en lui, car il est très-important que la chute du poil et les suées d'octobre ne le mettent pas trop bas d'état, sans cela vous ne pourriez le remettre en état de tout l'hiver, et en janvier il serait complétement à bas. C'est donc du 20 septembre au 15 novembre environ, que vous devez le plus nourrir un cheval de chasse. Plus tôt vous pourrez le faire tondre, et mieux cela vaudra, quitte à recommencer deux fois ; mais ce qui vaudrait encore mieux que la tonte, ce serait de le brûler à partir du 15 septembre, tous les dix jours, jusqu'au 15 novembre. Cette opération, assez difficile et que très-peu d'hommes d'écurie savent bien faire, est cependant tout ce qu'il y a de meilleur et bien préférable à la tonte, car le cheval ne subit aucune transition et conserve tout l'hiver un poil analogue au poil d'été.

Voilà votre cheval à peu près mis en condition et pouvant chasser. Si vous chassez de grands animaux, il pourra vous porter tout l'hiver tous les huit jours, sans souffrir, si vous le soignez bien à l'écurie, comme je l'indiquerai au paragraphe *pansage du cheval.* Dans l'intervalle des chasses, vous promenez ou vous faites promener votre cheval doucement, tous les deux jours, en ayant bien soin de le sortir un peu tous les lendemains de chasse pour voir son état et la liberté de ses mouvements. Si, par une cause quelconque, vous êtes quelque temps sans chasser, il faut soumettre votre cheval au même travail qu'au mois d'août, en lui donnant des petits galops et des marches au pas dans les labourés.

C'est ainsi que vous le maintenez tout l'hiver, en lui donnant une bonne nourriture que vous variez suivant son état et son appétit. S'il mange toujours bien, vous continuerez l'avoine sans abuser des mâches, n'en donnant que le soir des chasses en rentrant, et un barbotage froid à la farine d'orge, le lendemain matin. Si votre cheval manque un peu d'appétit ou baisse trop d'état, vous lui donnez des grains ou des légumes cuits. J'expliquerai, du reste, ces soins de nourriture plus loin.

C'est ainsi que vous atteignez le mois d'avril et la fin de la saison du courre. Aussitôt que les chasses seront terminées, vous laisserez votre cheval au repos, ne le promenant qu'au pas, et, pour sa santé, lui soignant les membres comme je l'indiquerai et le baissant d'état en le rafraîchissant, car un cheval ne pourrait être maintenu impunément toute l'année à une nourriture aussi substantielle et aussi échauffante. Vous pourriez alors le laisser libre dans un *paddock* sans herbe ou avec une herbe courte et que vous aurez fait raser. Vous le mettrez au barbotage avec un plein repas de carottes et seulement six litres d'avoine. Vous le laisserez ainsi jusqu'au 15 mai au moins; vous supprimerez alors la carotte et progressivement les barbotages, et vous recommencerez à donner plus d'avoine pour reprendre le même travail que l'année précédente et avec les mêmes gradations.

C'est pendant ce temps de repos que vous soumettrez le cheval aux différents traitements que nécessitera l'état de ses membres.

Telles sont les conditions générales pour mettre en état de chasse un cheval destiné à ce métier. Maintenant nous allons examiner en détail ce qu'il faut faire, d'abord pour le bien nourrir, ensuite pour entretenir ses membres en bon état, et enfin les modifications à apporter suivant les différents tempéraments des chevaux que vous pouvez avoir à mettre en condition.

Nourriture du cheval de chasse.

On a vu, par ce qui précède, qu'en général le cheval de chasse doit être nourri pendant l'année de quatre façons différentes :

1° L'été, de juin à la fin de septembre, une nourriture sèche, substantielle et graduée, avec quelques purgations et du sel de Glauber ;

2° Pendant la formation du poil d'hiver, une nourriture plus forte, plus échauffante et de l'eau ferrée ;

3° Ensuite, pendant l'hiver, une nourriture très-substantielle, beaucoup de grain, des mâches, quelques barbotages au sel de nitre de temps en temps, et en somme une nourriture forte et très-nourrissante jusqu'à la fin des chasses ;

4° Enfin, au mois d'avril, supprimer une partie du grain, donner des barbotages au son et à la farine, des carottes, de l'escourgeon, enfin un traitement rafraîchissant complet pendant un mois ou six semaines.

Maintenant, je crois qu'il est utile de joindre à cet

exposé général quelques détails plus précis sur la nourriture.

Le cheval de chasse doit toujours être nourri avec les meilleurs produits en foin, avoine et paille. Les meilleurs seront les plus profitables et, par suite, les moins chers. On pourra remplacer quelquefois le foin par de bonne luzerne de première coupe, dont les chevaux sont généralement très-friands. Il ne faut guère donner au cheval de chasse plus de trois à quatre kilos de foin par jour; cependant, avec certains chevaux qui ont très-peu de corps et dont la respiration n'offre aucune crainte, et enfin dans certains pays où les herbes sont d'une qualité tout exceptionnelle, on peut aller jusqu'à cinq kilos. Si le cheval est trop bas d'état, à la fin de la saison on peut remplacer le foin par des pois, fourrage excellent pour leur dilater les intestins; mais il ne faut pas en abuser ni en donner trop longtemps, et surtout on doit n'en donner que quand le cheval est dans sa saison de repos, sous peine de lui faire trop de sang ou de lui causer des accidents aux voies respiratoires.

Quant à la paille, celle qui est battue au fléau est de beaucoup préférable à celle qui a été battue à la mécanique. On peut en donner six kilos; mais cepen-

dant, si le cheval est gros mangeur, et qu'il ait trop
de ventre, on n'en donnera que trois kilos. On ne
supprimera jamais la paille et elle sera donnée toute
l'année.

Pour l'avoine, elle doit être de première qualité et
bien nettoyée. Plus elle est lourde, ronde, moins elle
est pointue, moins elle contient de paille d'enveloppe,
meilleure elle est. Autant que possible, pour les chevaux de chasse, il est préférable de la donner en quatre
fois : une fois le matin, une fois à midi, une fois à
six heures du soir, et une fois à neuf ou dix heures,
quand les hommes se couchent. La veille des chasses,
le repas du soir doit être assez fort, car il faut d'un
côté que le cheval soit plein, et de l'autre il faut éviter qu'il soit trop bourré le matin de la chasse.

Si le cheval avait la bouche un peu échauffée, ce
qui l'empêche de bien manger, outre les soins particuliers que j'indiquerai, il faut, pendant quelque.
temps, lui concasser son avoine et lui donner des mâches : la mâche est très-bonne, mais il ne faut pas en
abuser, car le cheval pourrait ensuite ne plus bien
manger son avoine. Il faut éviter surtout le son
mouillé dans l'avoine, la plus exécrable nourriture
que je connaisse, et cependant le mets favori de bien
des cochers, qui devraient être condamnés à le man-

ger, pour voir l'effet sur leurs estomacs de ce mélange mouillé, aigri et gonflé.

Lorsqu'on a nourri le cheval tout l'été de cette façon, en foin ou luzerne, paille, avoine, et tous les dix jours du sel de Glauber dans un barbotage froid, qu'on a donné une purgation (toujours après deux jours de diète) le 15 juin et une autre à la fin d'août, on augmente sa nourriture en septembre et, pour l'aider à faire son nouveau poil, on lui donne, pendant un mois, son repas de midi en féveroles. On en donne deux litres, que dès la veille on a mis dans de l'eau froide, et cette eau aura été jetée et renouvelée trois fois dans les vingt-quatre heures.

Comme boisson, on aura toujours soin de ne jamais faire boire au cheval de l'eau nouvellement tirée d'un puits ; il faut la tirer plusieurs heures d'avance et la laisser dans les seaux à l'écurie. Pendant la chute du poil, à l'automne, on mettra, dans les seaux, du fer, des clous, de la ferraille, et on fera boire au cheval de l'eau, ainsi ferrée, pendant un mois.

Une fois les chasses commencées, continuation de la même nourriture, en augmentant l'avoine comme je l'ai déjà dit et arrivant, suivant la nature du cheval, à en donner de douze à seize litres. La veille de chaque chasse, on donnera de plus deux ou trois litres, toujours en deux fois. Le matin de la chasse, très-peu d'eau, un peu de foin et un peu d'avoine; le soir de la chasse, en revenant, si le cheval se porte bien, on lui donnera d'abord deux litres de son mouillé légèrement, puis trois ou quatre poignées de foin, et enfin, deux heures après, soit des mâches chaudes à la graine de lin ou à la farine d'orge, soit une bonne avoine avec du son sec; ensuite, on lui donnera son foin. Le lendemain matin, au réveil, il aura un barbotage froid au sel de nitre, puis la nourriture ordinaire; si le cheval a beaucoup fatigué, on lui donnera encore un repas d'avoine mêlée de farine d'orge sèche ou une mâche chaude.

Même régime pendant toute la saison. On peut, de temps en temps, remplacer un repas d'avoine par de l'orge, en veillant bien à la boisson; car un cheval ne doit jamais boire après avoir mangé de l'orge, sous peine d'accidents. Si on aperçoit que le cheval baisse d'état et maigrit, on peut lui donner tous les jours, pendant vingt jours, un repas de seigle cuit, deux litres remplaçant les quatre litres d'avoine, et on aura soin de ne faire cuire le seigle que pour deux jours; sans cela, cette nourriture aigrit et devient mauvaise. Si enfin le cheval continue à baisser d'état, on ajoute pendant vingt jours un repas de féveroles.

La saison de chasse étant finie et le cheval au repos, au box ou au paddock, on lui donnera tous les jours un bon barbotage à la farine d'orge ; on réduira l'avoine à six ou huit litres et on remplacera un repas d'avoine par un plein repas de carottes bien lavées et bien coupées, sans jamais mêler l'avoine à la carotte ; car, sans cela, pendant longtemps le cheval ne voudrait plus manger l'avoine sans la carotte. On peut donner pendant vingt jours de l'escourgeon à la place de foin et augmenter un peu la paille. Si le cheval a beaucoup souffert de la saison, est tombé trop bas et devenu trop maigre, on peut lui donner des pois en fourrage.

Pansage du cheval de chasse et entretien
de ses membres.

Le cheval de chasse doit être parfaitement pansé toute l'année, sauf le moment du repos d'avril à la fin de mai, où le pansage doit être plus léger et moins soigné, afin de lui laisser plus de repos et de moins exciter sa sensibilité nerveuse. Je ne décrirai pas le pansage ordinaire, qu'on trouve indiqué dans tous les bons traités ; mais je parlerai du pansage que l'on doit faire au cheval au retour de la chasse, parce que très-peu de palefreniers le connaissent ou le font, et cependant c'est une des parties les plus importantes de l'entretien et de la condition du cheval de chasse.

Après une chasse dure faite en hiver ou à l'automne, le cheval est rentré mouillé, crotté, couvert d'une sueur plusieurs fois séchée et qui forme dans le poil une sorte de colle. Il faut d'abord le mettre dans un bon box chaud, mais cependant sans excès (il ne faut jamais dépasser 14 degrés pour la bonne santé des chevaux). On le débride, on lui met un licol, en ayant bien soin qu'il ne reste aucune nourriture ni

2.

dans l'auge, ni dans le râtelier; on desserre les sangles, sans lui ôter de suite la selle, et on lui jette sur le dos deux couvertures, puis on le laisse un instant tranquille, quelques minutes seulement. On prend ensuite un seau d'eau chaude, aussi chaude que possible, et on lui lave les quatre sabots jusqu'au-dessus des boulets, mais pas plus haut; on jette ensuite l'eau, on débarrasse le cheval des couvertures et de la selle, on lui retire un instant le licol et on le laisse se rouler s'il en a envie; on lui remet ensuite le licol et on commence le pansage en gros avec un bon bouchon de paille et ensuite avec la brosse de chiendent. Ce premier pansage promptement fait, on lui remet les couvertures, on reprend de l'eau très-chaude et on lui lave les quatre jambes jusqu'au-dessus des jarrets et des genoux, et on lui met de suite de bonnes flanelles de laine. On procède ensuite au pansage à fond avec le bouchon de foin et la brosse, on lui lave le nez, les yeux, la bouche et l'anus, on lui frotte bien la tête et principalement les oreilles avec les mains et cela assez longtemps, et, pendant ce pansage, on lui donne le son mouillé et une poignée de foin. Ce pansage bien et soigneusement fait, on lui met de la bouse de vache dans les pieds, on lui met des couvertures sèches, on lui donne à boire de l'eau tiède et on lui donne ensuite son avoine ou ses mâches, et on le laisse tranquille. Au moment de se coucher, le palefrenier vient ôter les flanelles, en remettre de sèches, et regarder si le cheval a bien mangé son avoine ou ses mâches. Il lui retire ce qu'il n'aurait pas mangé, lui donne son foin et sa paille, regarde s'il a ressué, et, dans ce cas, lui ôte ses couvertures, le ressèche et lui met de nouvelles couvertures. Il lui fait ensuite une bonne litière épaisse et bien sèche et le laisse tranquille.

Le lendemain matin, il lui donne un barbotage froid au sel de nitre, lui ôte les flanelles, le sort deux minutes pour voir l'état de ses membres et s'il ne boite pas, vérifie s'il n'a ni coupures ni épines, et visite bien les pieds et la bouche. Si le cheval n'a pas bien mangé, il est probable qu'il a la bouche échauffée et les barres rouges ou peut-être écorchées (surtout les chevaux chauds et qui donnent beaucoup dans la main). Dans ce cas, il lui passe dans la bouche un tampon de linge imbibé de vinaigre dans lequel il aura mis de l'ail ; si la bouche était très-abîmée, il lui mettrait pendant une heure un filet entouré d'un gros tampon de linge imbibé de ce vinaigre et de cet ail. — Il le rentre, le panse, mais surtout au bouchon de foin, lui frictionne les membres à la main longtemps avant de lui remettre les flanelles, puis le remet à son régime habituel, en lui donnant des mâches ou de l'avoine avec du son sec, suivant son état.

Voilà quels sont la nourriture, l'entretien et le pansage habituels du cheval de chasse ; maintenant nous allons examiner quels sont les traitements particuliers à faire, soit comme nourriture, soit comme entretien des membres, suivant les différents tempéraments des chevaux.

Je commencerai d'abord par la nourriture.

Nourriture suivant les différents tempéraments des chevaux.

Si vous avez un cheval chaud, ardent, se nourrissant mal, ce qui arrive généralement par suite de mauvaise nourriture ou d'excès de purgations qui ont abîmé son estomac, il faut d'abord le lui refaire. Si vous êtes dans l'été, il faut commencer par trouver le moyen de le faire manger, sans employer d'excitant pour lui élargir les intestins ; examiner d'abord la bouche et la soigner comme je l'ai dit, si elle est malade. Quelquefois les mâchelières, trop longues dans le fond de la bouche, empêchent le cheval de manger, parce qu'il se mord les joues ; dans ce cas, il faut d'abord les lui niveler au moyen de la lime, lui donner plusieurs repas par petites quantités et surtout les lui donner le soir, parce que la nuit ces chevaux-là mangent généralement mieux que le jour, varier la nourriture, donner du son sec dans l'avoine, des mâches à la graine de lin, s'ils les mangent ; s'ils ne les mangent pas, donner tous les jours deux cuillerées de graine de lin sèche dans l'avoine et se rappeler que la graine de lin est la santé des chevaux comme des chiens. Si le cheval ne veut pas toucher aux mâches, le nourrir un mois ou deux avec du seigle bouilli, donner des pois comme fourrage, de temps en temps remplacer un repas d'avoine par la féverole trempée dans l'eau et, suivant l'état des crottins, varier la nourriture, soit en la rendant plus échauffante par la féverole et le grain, soit plus rafraîchissante par les barbotages et l'orge. Il ne faut cependant jamais abuser du barbotage, qui n'est guère bon que le lendemain d'une chasse pénible ou quand l'intérieur est trop échauffé. Enfin, si le cheval est tout à fait en mauvais état, résiste à tous ces essais et ne veut pas manger, il faut employer les légumes, carottes et navets mélangés, cuits ou crus.

De cette façon et en employant judicieusement le sel de Glauber et la graine de lin, et en les nourrissant principalement la nuit, vous arriverez infailliblement à faire manger tous les chevaux et à les mettre en état.

Au mois de septembre, vous augmenterez le grain, la féverole et la farine d'orge, en continuant toujours la graine de lin sèche, et en donnant un bon repas la nuit. N'oubliez pas que, le lendemain des chasses, ces chevaux-là surtout doivent toujours être rafraîchis et avoir du sel de nitre.

Une fois que le cheval aura passé une année à votre service et que le temps du repos d'avril, saison des carottes et de l'escourgeon, sera écoulé, il doit avoir l'estomac refait, et s'il ne mange pas bien, c'est de votre faute, je vous le déclare.

Chevaux qui se nourrissent trop.

Il y a des chevaux qui se nourrissent trop et font trop de corps, ce qui surcharge leurs membres et leur donne de la gêne aux poumons dans les chasses un peu vives. Il faut leur diminuer la paille, leur donner de l'avoine et des féveroles, assez souvent du sel de Glauber, et, pour les rafraîchir, se borner à la graine de lin; il faut surtout ne pas leur donner de farine d'orge ni de légumes, et encore moins des pois.

Du reste, cet inconvénient est un des moindres, car un bon chasseur se plaint rarement que son cheval se nourrisse trop; mais cependant il ne faut pas oublier qu'un cheval qui a trop de corps sort toujours facilement de la condition, et périt des membres plus promptement qu'un autre; il est capable de moins grands efforts dans le train, et se tue facilement dans les pays de côtes et dans les terrains trop lourds, quand le train est vite. Il faut, en outre, toujours surveiller sa respiration.

Chevaux qui ont de la disposition à la toux et à la gêne dans la respiration.

Ces chevaux-là doivent être rationnés pour le foin, dont on doit être parcimonieux pour eux. Il faut leur donner souvent du sel de Glauber, de temps en temps une forte poignée de fleur de soufre dans leur avoine, et au printemps et à l'automne, tous les matins, leur faire manger une bonne poignée de pervenche des bois bien fraîche. Au moment de la chute du poil, l'eau ferrée leur est très-nécessaire. Avec du soufre, de la pervenche et de l'eau ferrée, on peut empêcher pendant de longues années un cheval en condition de devenir poussif, quand même il aurait de grandes dispositions pour cela.

Avec le traitement indiqué pour les chevaux de chasse et ces derniers soins, on ne doit point avoir de cheval poussif avant un âge avancé; mais enfin il y a toujours une fin, et il faut bien qu'un cheval périsse par quelque part. Avec un cheval dont la respiration menace, il faut encore plus qu'avec tout autre ne pas lui demander d'efforts sans qu'il soit en parfaite condition.

Entretiens des membres du cheval de chasse.

Il y a en France quelques pays de chasse où, par suite d'un terrain plat, boueux et marécageux et de plaines couvertes d'ajoncs et d'épines noires, les jambes des chevaux enflent pendant la saison de chasse, deviennent tuméfiées, perdent leur poil et se couvrent de plaques en suppuration, ce qui leur rend la marche difficile en sortant de l'écurie. Je ferai remarquer que, dans ces pays, l'entretien des membres est différent, et que, d'ailleurs, ces boues faisant l'effet de forts vésicatoires, une fois la chasse passée, ces chevaux ont les membres nets et sains. Dans ces pays, vous ne pouvez pas vous servir de flanelles et il faut, au contraire, le soir des chasses, après avoir lavé les jambes à l'eau chaude, les frotter simplement avec de l'huile ou plutôt de la pommade camphrée.

Mais, laissant de côté ces pays, je m'occuperai de l'entretien des membres du cheval de chasse dans les contrées où l'on chasse plus habituellement.

Je suppose d'abord que vous avez un cheval ayant de bons membres, bien faits et sains, et que, suivant

mes prescriptions, vous ne le ferez travailler sérieusement que quand il sera bien en condition. Comment devrez-vous faire pour conserver ses membres
en bon état et les faire durer jusqu'à l'âge final de
quinze à dix-huit ans?

D'abord, en les traitant tous les ans au mois d'avril
ou de mai par les moyens que j'indiquerai tout à
l'heure, ensuite par un entretien continuel et jour-
nalier. Après une course longue, flanelle pendant un
jour; après une chasse dure, lavage des jambes à l'eau
chaude et flanelle immédiatement après; deux heures
après, nouvelle flanelle sèche : voilà le meilleur et le
plus efficace des remèdes. L'eau chaude et la flanelle
appliquée tout de suite après une chasse dure font
durer les chevaux plus que tous les autres remèdes,
préviennent les molettes, les raideurs et autres accidents inhérents aux efforts constants que le cheval se
fait pendant toute une journée.

Ensuite, tous les ans, en avril, quand votre cheval
est au repos, il faut lui traiter les membres : s'il y a
peu d'usure, vésicatoires ou bandages trempés dans
l'eau salée ou dans l'eau de dissolution de pierre de
Heilstein. S'il y a grosseur des boulets, employez la
teinture d'iode, le plâtre avec le vinaigre ou le liniment
Généau, ou enfin la pierre de Heilstein, un des plus

puissants remèdes; les emplâtres mercuriels sont bons aussi dans ce cas. S'il y a suros, usez de la pommade rouge au bi-iodure de mercure; s'il y a vessigons, du plâtre et du vinaigre; s'il y a fatigue des tendons, emplâtres mercuriels et ensuite de la pierre de Heilstein. Bref, vous devrez, pendant le repos du cheval, traiter ses membres, les durcir et prévenir tous les accidents qui menacent, quelque légèrement que ce soit; c'est ainsi que vous ferez durer votre cheval.

Maintenant, examinons un peu en détail comment vous entretiendrez les membres de votre cheval suivant leurs différents états.

Je suppose d'abord un cheval à tissus mous, ayant, par là, tendance aux molettes et conséquemment aux vessigons et autres dilatations des capsules synoviales. Ces chevaux-là demandent souvent la flanelle et encore plus souvent des bandes de toile mouillées dans l'eau salée, dans l'eau de Goulard ou l'eau de dissolution de pierre de Heilstein, mais on ne doit jamais appliquer ces remèdes que le soir et le lendemain d'une forte course. Réservez toujours la pierre de Heilstein pour les cas les plus graves. On l'emploie en mettant, gros comme une pomme, de cette pierre dans un litre d'eau, on trempe dedans de la filasse, on l'imbibe bien, et on la met autour du boulet et de la molette en l'entourant d'une bande par-dessus, et on renouvelle l'application trois fois par jour : tel est le traitement ; ne pas abuser du remède. Si les molettes ne grossissent pas, on emploie les flanelles seulement, et, s'il n'y a pas eu grand travail, on ne met rien. Le massage à la main est encore un très-bon palliatif le soir et le lendemain d'une chasse dure. Au printemps, on peut encore employer pendant trois semaines du blanc d'Espagne et du vinaigre, ou appliquer successivement trois forts vésicatoires, et enfin, dans un cas trop grave, on emploie le feu.

Si votre cheval a de la disposition aux gros boulets, soit par suite de contre-coups, soit par suite de chocs en se frappant, on emploie, le lendemain de la chasse, de la pierre de Heilstein ou on frictionne deux fois par jour avec de l'eau de Goulard. Au printemps, on fait cinq ou six applications de teinture d'iode sur les boulets, après quoi, on laisse douze jours de repos et on fait ensuite des frictions mercurielles pendant vingt jours.

Si le tendon bouge, arrêtez de suite tout travail, car c'est la plus dangereuse de toutes les tares. S'il y a chaleur, mettez des cataplasmes ou employez les bains froids jusqu'à ce que la chaleur cesse complètement; ensuite, donnez des bains ou faites des bandages trempés dans une infusion de thym et de romarin, puis employez l'onguent mercuriel pendant douze jours; donnez un peu de repos, et appliquez ensuite la pierre de Heilstein pendant vingt jours.

Si le cheval a un fort suros mal placé qui menace de gêner le tendon, on doit mettre une pointe de feu très-fine avec de la pommade rouge au bi-iodure de mercure ou simplement de la pommade, qui est souvent assez efficace pour le faire disparaître.

S'il y a jardon qui gêne le cheval et fait enfler le jarret, on doit mettre une raie de feu en employant la même pommade, et on doit donner du repos.

Pour les vessigons, ne vous en inquiétez pas plus que des molettes, et, avec du blanc d'Espagne ou du plâtre et du vinaigre, vous les ferez rentrer, ou du moins, vous empêcherez qu'ils ne puissent nuire.

Si votre cheval se taille, se coupe, se frappe, rappelez-vous ceci: c'est que vous n'avez à vous occuper que de le faire bien ferrer, et vous n'avez pour cela qu'à *changer la position du pied quand il est à terre;* c'est-à-dire, à verser le boulet en dehors en élevant le quartier du dedans et, s'il est panard, à tourner le pied en dedans, en plaçant la pince plus en dedans, et en mettant à l'éponge antérieure un crampon bien fait, qui arrête le pied posant à terre et le force à tourner la pince en dedans. S'il marche au contraire trop ouvert, il ne peut se couper qu'avec le dedans de la pince de l'autre pied: il faut alors en abattre un peu, ne pas y laisser de clous brochés, et mettre un crampon à l'éponge du dehors pour forcer le pied, arrivant à terre, à tourner en dehors.

Si le cheval se frappe le long du canon ou au genou, c'est plus difficile, et il faut alors employer des guêtres très-bien faites en flanelle doublée de baleines ou de petits anneaux ronds et assez larges, placés au milieu du canon; c'est un des défauts de marche les plus difficiles à combattre et qui rend ordinairement le cheval peu propre à la chasse; un tel animal est d'un mauvais emploi.

Je termine en vous recommandant, si vous mettez des vésicatoires, du liniment Géneau ou le feu à votre cheval pendant le repos du printemps, de ne pas oublier de le faire promener tous les jours au moins deux fois, au pas. Peu de personnes le font, et cependant rien n'est plus utile.

Des pieds du cheval et de la ferrure.

Nous venons de voir comment on doit mettre en condition le cheval de chasse, comment on doit le nourrir suivant les différents tempéraments; nous avons vu aussi comment il fallait entretenir les membres pour les conserver sains. Il nous faut maintenant nous occuper des pieds du cheval avant de passer aux traitements des différents accidents qui peuvent arriver au cheval de chasse.

Le pied du cheval est un des chefs-d'œuvre du Créateur : malheureusement, par la ferrure, l'homme détruit ce qu'il y a de plus beau dans la structure du pied, l'élasticité, qui permet au pied frappant le sol de se dilater; le tendon fléchisseur qui se termine en s'y accolant à l'os naviculaire se baisse et appuie sur la fourchette sensible qui fait l'effet sur la sole d'un morceau de caoutchouc pour atténuer le choc, l'adoucir et, par conséquent, éviter les désordres résultant d'un choc, qui serait souvent trop violent.

Par le fer, qui n'a aucune élasticité, on nuit à cet

effet admirable : aussi, la ferrure est-elle souvent pour le cheval une cause de destruction ; mais c'est là un mal irrémédiable, puisque, par suite de nos routes, de nos cailloux, de nos coupes dans les forêts, le cheval est incapable de faire son service sans être ferré. Tant qu'on n'aura pas trouvé un fer élastique de même que le pied, le mal existera.

C'est pour remédier à ce vice de la ferrure, que depuis fort longtemps tant de gens cherchent ou inventent des ferrures nouvelles ; mais, jusqu'à présent, soyez convaincu que la meilleure est encore la plus usuelle, la ferrure à la française avec épônges épaisses, quand elle est bien faite. J'ai essayé toutes les autres ferrures, et je parlerai tout à l'heure de quelques-unes qu'on emploie encore et qui sont à la mode.

Je ne veux pas faire ici un cours de maréchalerie, mais je veux seulement indiquer certains principes dont on ne devrait pas se départir, indiquer quelques moyens qui m'ont réussi et sont les résultats de l'expérience, et blâmer enfin certaines modes ou habitudes des maréchaux, qui sont pitoyables. Ainsi :

1° L'été, lorsqu'on ne chasse pas, que les routes sont dures, que les chevaux de chasse ne vont guère dans les terrains défoncés, il faut que les chevaux ne soient pas ferrés trop juste. L'ajusture sera donc assez prononcée, de façon que les quartiers soient un peu dépassés sur les côtés par les éponges afin que celles-ci ne puissent jamais rentrer dans la corne.

2° Jamais on ne laissera mettre de clous en pince; c'est parfaitement inutile et fort nuisible aux chevaux, attendu que, quand ils trottent et attrapent la terre ou une pierre avec la pince, le contre-coup de ces clous se fait sentir au petit pied et peut amener des désordres dans cet organe.

3° Les éponges seront toujours courtes et ne dépasseront jamais la jonction des quartiers aux talons: sans cela le cheval se déferrerait et pourrait souvent se faire tomber. L'éponge se terminera toujours aussi large que la branche du fer et sera arrondie et coupée un peu en biseau, de façon qu'en ressortant de la boue le fer en sorte facilement.

4° L'étampure sera toujours assez maigre, c'est-à-dire les clous placés assez près du bord, de façon que, bien brochés, ils coulent facilement dans le quartier de corne, pour ressortir uniquement à 3 ou 4 centimètres au-dessus du fer. Si l'étampure n'est pas maigre, le cheval peut être serré dans son pied; si les clous ne sortent pas un peu haut, la corne cassera et le cheval deviendra très-difficile à ferrer; bien entendu qu'il ne faut pas d'excès, et que la tête des

clous ne soit pas trop au bord, car le cheval se coupe-
rait.

5° Le pied de derrière du cheval de chasse sera
toujours ferré à deux pinçons et la pince sera arrondie
et toujours dépassée par la corne, pour éviter les.
atteintes si dangereuses à la chasse et si fréquentes.
L'hiver le cheval aura toujours au moins un crampon,
et il sera placé, suivant sa marche, en dehors ou en
dedans; c'est-à-dire, s'il marche les pieds en dehors,
le crampon sera en dedans pour le forcer à tourner la
pince en dedans au moment où il touche le sol, car
le crampon fait alors le même office qu'une ancre
pour un navire, le pied *évite* comme un navire et obéit
à l'arrêt, l'avant, c'est-à-dire la pince tournant du
côté de l'arrêt, par conséquent en dedans. Si le
cheval au contraire marche ouvert, la pince en
dedans, le crampon sera en dehors pour agir d'une
façon contraire. Si le cheval se coupe, on élèvera,
comme je l'ai déjà dit, le quartier du dedans en ver-
sant le boulet en dehors pour empêcher, le pied étant
à terre, le boulet d'être atteint par l'autre pied, et on
supprimera les clous qui sont brochés près de la pince
en dedans, car c'est presque toujours de cet endroit
que le cheval atteint son autre boulet. Du reste, pour
s'assurer de quelle partie du sabot le cheval s'atteint,

on mettra de la peinture blanche au boulet à la place
où le cheval se coupe; en le faisant marcher on verra
de suite à quelle partie du sabot le cheval s'est mis de
la peinture.

6° Je n'ai pas besoin de dire que la ferrure à chaud
sera prohibée, car c'est une des causes de destruction
du pied.

7° On empêchera les maréchaux de limer le sabot
en dessus, déplorable chose qui détruit le vernis pro-
tecteur de la corne.

8° On ne graissera pas les pieds pendant deux jours
après la ferrure, pour que les clous rouillent et tiennent mieux; mais on mettra de la bouse de vache dans
les pieds.

Si le cheval a été déferré à la chasse et s'est emporté
une partie de la corne, ou a marché trop longtemps
sans fer, et qu'on ne puisse le ferrer par manque de
corne, il faut, pour remplacer la corne absente et
ferrer le cheval, faire usage de l'admirable composition de gutta-percha. Cet excellent onguent m'a
rendu souvent de grands services. Appliqué sur un
pied bien sec, il tient à merveille et on peut appliquer dessus le fer et brocher les clous.

On devra toujours, à la chasse dans les pays
pierreux, emporter un soulier de pied. Le plus simple

et le meilleur, c'est celui dont les pattes mobiles et douces se relèvent et dans lesquelles passe une courroie qui entoure le dessus de la couronne.

Voilà les principaux principes qui doivent vous guider. Quant aux ferrures pathologiques pour les pieds défectueux, nous parlerons seulement de quelques cas qui se présentent souvent, en traitant des remèdes pour différents accidents.

Plusieurs ferrures particulières ont été inventées pour les chevaux de chasse et, ces années dernières, il a été, entre autres, particulièrement question de la ferrure périplantaire Charlier. Je l'ai essayée sur plusieurs chevaux, fait essayer et vu essayer par un grand nombre. Voici mon avis motivé sur cette ferrure au point de vue de la chasse :

Dans un pays sablonneux et sans aucune pierre, cette ferrure, bien faite, peut être bonne.

Dans un pays boueux avec des cailloux ou dans un pays pierreux elle est impossible, et voici pourquoi : aussitôt la pince attaquée par l'usure, et cela dès les premiers jours, les branches du fer s'écartent pour peu que le cheval pose un coin du pied sur un caillou ; en s'écartant, elles ne reviennent pas et les clous font éclater la corne des quartiers. Voilà un des grands vices de cette ferrure, qui, sans cela et sans l'obliga-

tion d'avoir des ouvriers habiles pour la faire, pourrait être bonne ; mais tous les chevaux de chasse que
j'ai vu ferrer ainsi sont devenus boiteux de la même
façon. Maintenant, on dit qu'un des avantages de cette
ferrure est l'épaisseur de la sole qui protége le pied
et vient, au niveau des quartiers, poser sur la terre ;
mais dans les pays pierreux, cette sole ne se remplit
jamais comme on veut bien le dire, car elle est
toujours usée par les pierres et n'arrive jamais au
niveau des fers. Cela se comprend quand on sait que
souvent, avec la ferrure ordinaire et malgré des
éponges assez larges, la sole s'use tellement, qu'on est
obligé de mettre des plaques de cuir, de feutre ou de
zinc pour l'empêcher d'être usée complétement jusqu'au petit pied. La sole, dans la ferrure Charlier,
arrivant au niveau des fers, est donc un mythe pour
les chevaux de chasse, dans les pays pierreux. Sur le
macadam, le pavé ou dans le sable, c'est possible, et
alors elle peut offrir des avantages principalement
pour les pieds encastelés.

Un amateur distingué a écrit dernièrement dans
un journal des articles fort bien faits et fort spécieux
sur cette ferrure, voulant démontrer qu'elle empê-
chait les nerf-férures. Son motif principal était que,
la sole n'étant plus amincie et ne fléchissant pas

quand le pied posait à terre, le tendon ne subissait plus d'extensions subites et forcées, cause des nerf-férures; que, dans la nouvelle ferrure, la sole posait toujours sur la terre, et que le tendon ne subissait plus aucun allongement ni déchirement. Il citait à l'appui les chevaux sauvages qui, ayant toujours les pieds pleins et plats, n'avaient jamais de nerf-férures. Il disait, en outre, que les nerf-férures n'avaient lieu que sur les terrains durs, où la sole ne posait jamais à terre, tandis que, dans les terrains mous, le pied s'imprimant et la sole appuyant sur la terre, la nerf-férure n'avait pas lieu.

Certes, au premier abord, ces raisonnements sont spécieux et paraîtraient avoir une certaine valeur; mais voici ce que j'y répondrai :

Qui me prouve que les chevaux sauvages ne sont jamais nerf-férés? Quand même on n'en trouverait pas parmi eux, et laissant de côté l'objection d'un cheval non chargé et non monté, libre de choisir son allure, tout le monde sait bien que si, dans une troupe de chevaux sauvages, on trouve peu de boiteux et d'estropiés, c'est que ceux-là sont devenus la proie des bêtes sauvages, loups et autres, et qu'il ne reste jamais que les plus valides et les plus vigoureux.

Les chevaux, dites-vous, attrapent plus facilement des nerf-férures sur des terrains durs. C'est possible, mais ils en attrapent aussi fort bien dans les terrains mous, et c'est même dans les terrains très-mous, glaiseux ou argileux qu'ils en attrapent le plus, et cependant la sole y est parfaitement supportée.

Ailleurs que sur le macadam et le pavé, la sole ne touchera jamais la terre, car le pied sera toujours creux, usé par les cailloux ; j'en ai fait l'expérience et puis le certifier.

Enfin, il resterait à prouver que, la sole posant sur la terre, tous les contre-coups qu'elle reçoit, quelque épaisse qu'elle soit, n'occasionneraient pas autant de maladies de l'os naviculaire et, par conséquent, du pied, qu'on éviterait de nerf-férures si on en évitait, ce dont je fais plus que de douter.

Chevaux difficiles à ferrer.

Comme il arrive souvent aux chasseurs d'avoir de très-bons chevaux difficiles à ferrer, et qu'il peut advenir souvent qu'on ait son cheval déferré à la chasse et qu'on soit alors obligé d'aller chez un maréchal de village faire remettre un fer, et qu'alors l'embarras est grand de faire prendre le pied à un homme presque toujours maladroit, je vais indiquer au chasseur qui serait dans cette position le meilleur moyen à prendre dans ce cas-là pour faire ferrer son cheval sans accident.

Arrivé chez le maréchal, vous lui demandez une grande longe de cuir, et, s'il n'en a pas, vous prenez de longues guides de charrette en cuir ; vous faites un nœud coulant à une extrémité et vous y passez le paturon du pied à ferrer, puis vous faites passer la longe par le même côté que le pied à ferrer sur le dos du cheval (le mieux est de desangler et de passer la longe sous la selle, sur le dos du cheval); de là, vous la passez le long de l'épaule du côté opposé, puis vous la faites revenir sous le cou jusqu'à l'autre épaule, où vous prenez alors la longe dans votre main droite en tenant le cheval par la bride de la main gauche, si vous n'avez personne pour lui tenir la tête. Vous dites alors à l'homme qui lève le pied, de le lever avec la longe de la main droite en appuyant sa main gauche sur la hanche; quand le pied vient à lui, vous raccourcissez à mesure la longe en tirant de la main droite. Si le cheval se défend, l'homme lâche, et le cheval en donnant le coup de pied, qui ne peut aller loin, se donne un coup sur le rein et sous le cou; vous lâchez et vous reprenez trois ou quatre fois : le cheval restera tranquille, et l'homme, se voyant en sûreté, prendra confiance et finira par bien tenir le pied. C'est le moyen le plus simple de ferrer un cheval difficile et le plus pratique quand on est dans cet embarras, ce qui arrive souvent.

Traitement des différents accidents qui peuvent arriver à un cheval de chasse.

Je ne veux pas ici faire concurrence aux vétérinaires, et il est bien convenu que, dans tous les cas graves et pour tous les accidents ou toutes les maladies internes, il vaudra toujours beaucoup mieux les faire appeler ; mais il y a, pour certains accidents de chasse, des remèdes expérimentés maintes fois, peu connus même des vétérinaires ou du moins peu employés, mais que la pratique dans les équipages et les écuries bien tenues a fait reconnaître comme excellents : ce sont ceux-là que je veux indiquer; on pourra très-bien, en faisant venir le vétérinaire, lui demander à les appliquer si l'on n'ose le faire de soi-même. Sans vouloir faire aucun tort au corps éminent des savants vétérinaires que nous possédons en France, qu'il me soit permis de dire qu'il y en a très-peu qui sachent traiter les membres des chevaux de chasse de manière à les maintenir sans tares. Il y en a peut-être encore moins qui sachent remettre un cheval de chasse d'une fourbure sans le saigner et, par conséquent, sans le mettre hors de condition pour deux mois.

Je commence donc par le cas le plus grave, la fourbure.

Fourbure. — Je suppose toujours un cheval en condition ou au moins à peu près, et qui ne soit pas trop jeune, car le traitement pour un jeune cheval non en condition ne serait pas le même. Par suite d'une chasse trop dure, d'un train trop vite dans des côtes ou dans la boue, enfin pour toute autre cause, le cheval a été, tout d'un coup, pris de ce que nous appelons le toc ou battement de cœur, mais qui est bien plutôt un mouvement spasmodique de l'épigastre; vous avez persisté, ne voulant pas perdre la chasse; le cheval a fini par refuser d'avancer : il s'arrête, il tremble, il flagelle, vous êtes forcé de descendre et de le traîner comme vous le pouvez pour le ramener chez vous.

Laissez-lui d'abord un instant de repos, sans cependant lui laisser prendre froid; tâchez qu'il urine, et, si vous avez de l'eau à portée, faites-lui en boire trois ou quatre gorgées. Cinq minutes après, vous pourrez le remonter et revenir au pas à la maison, où j'espère que vous arriverez. Aussitôt rentré, met-

tez-le dans un box un peu froid avec deux couvertures (évitez surtout une écurie trop chaude) et don-
nez-lui de suite un petit barbotage froid au sel de
nitre ; lavez-lui ensuite les membres à l'eau très-
chaude, mettez des flanelles, les quatre pieds dans
des cataplasmes de son et de vinaigre, et frottez les
quatre couronnes avec de l'essence de térébenthine.
Une heure après, vous lui ferez avaler une bouteille
de vin ou de bière chaude avec du sucre et un peu
d'eau-de-vie. Et en même temps, vous lui administre-
rez une boulette de mie de pain dans laquelle vous
aurez mis une grande cuillerée bien pleine de
camphre en poudre. Bien entendu, vous lui ferez un
bon pansage et une forte paille. Deux heures après,
si le cheval est mieux, et le toc passé, vous lui donnerez une mâche avec du nitre et de la graine de lin.
Si, au contraire, le cheval est encore malade et que le
toc persiste, vous renouvellerez les frictions aux
jambes, l'essence aux couronnes, et le barbotage froid
au nitre, et vous pourrez y joindre deux ou trois la-
vements émollients.

Soyez à peu près certain que le lendemain le cheval ira bien. Vous le ferez alors promener au pas, et
six jours après, il pourra chasser de nouveau ; seulement, il sera presque toujours susceptible de reprendre

le toc, car, quand un cheval l'a eu, il en est presque toujours repris dans les chasses trop dures, à moins d'être en parfaite condition, et ces chevaux-là demandent alors à être toujours un peu plus bas d'état que d'autres.

EFFORTS DE BOULETS, DE JARRETS, ETC. — Faites venir le vétérinaire; mais s'il y a effort de jarret et qu'il soit enflé, gros comme votre tête sans trop grande chaleur, demandez à appliquer du blanc d'Espagne et du vinaigre deux fois par jour au moins. Faites-le promener au pas à la main, et il en aura au plus pour douze jours.

S'il y a effort de boulets, aussitôt que les cataplasmes auront fait tomber l'inflammation, donnez quelques jours de bains aromatiques, puis quinze jours de bandes trempées dans la dissolution de pierre de Heilstein, et repos tant qu'il y a chaleur. Si, après les quinze jours de bandages, il y a encore grosseur du boulet, mettez quinze jours d'onguent mercuriel, avec arrêt aussitôt que la jambe enfle; ensuite vous reprendrez la pierre de Heilstein.

Au printemps, vous ferez à ce boulet, quelque bien qu'il soit, le traitement à la teinture d'iode.

Nerf-férure. — Cet accident est presque inguérissable pour les chevaux de selle et demande un long traitement, sans encore être sûr d'arriver à une guérison autre que celle suffisante pour un service de voiture. Néanmoins, voici ce qui m'a toujours le mieux réussi et la succession des remèdes à faire :

1° Rogner la pince et élever le talon ;

2° Cataplasmes et émollients, quinze jours ;

3° Bains et bandes trempées dans une infusion de thym et de romarin, vingt jours ;

4° Six applications réitérées de teinture d'iode avec friction d'une demi-heure ;

5° A la suite, repos de quinze jours, puis vingt jours de pierre de Heilstein appliquée avec de la filasse bien imbibée.

Si, à la suite de ce traitement, le tendon est encore un peu rond et engorgé, on peut essayer quinze jours d'onguent mercuriel et reprendre ensuite la pierre de Heilstein.

A la suite de ce traitement, la nerf-férure sera guérie ou elle ne le sera jamais. Il faut avoir bien soin de remettre le cheval à l'ouvrage par un travail gradué, et de ne rabattre le talon que petit à petit.

Crevasses. — Les crevasses bien soignées ne sont

rien, et cependant on voit bien des chasseurs se plaindre de ce que leurs chevaux ne peuvent pas marcher par suite de crevasses.

Aussitôt qu'on s'aperçoit d'une crevasse, frictionner longtemps le paturon avec un torchon bien sec et bien propre, appliquer une onction d'huile mêlée à de l'extrait de saturne et bien battus ensemble.

Laver deux fois par jour au savon noir, et remettre la pommade aussitôt que le paturon est sec.

Le troisième jour, mettre de l'onguent mercuriel et continuer quelque temps. La crevasse aura disparu et rien n'est plus facile à faire passer.

Les chevaux qui ont des crevasses sont généralement des chevaux mal tenus ou inintelligemment soignés.

COUPURES, BLESSURES. — Dans des cas graves, appeler le vétérinaire. Si la coupure a eu lieu dans le paturon, le boulet, le genou, le jarret, partout où il y a synovie, et si l'on voit un écoulement blanc, se méfier beaucoup de l'accident qui peut être grave.

Pour les autres coupures, quelles qu'elles soient, donner des bains froids, et, aussitôt la sortie du bain, on appliquera sur la plaie un plumasseau de filasse imbibée de baume du Commandeur. On continuera deux bains par jour, et on fera trois applications de baume; au moyen de ce traitement, la plaie sera vite guérie.

BLESSURES, ÉCORCHURES, ETC. — Si le cheval de chasse a été blessé par la selle, ce qui ne devrait jamais arriver si le cheval avait une selle bien faite et qu'il l'ait portée l'été avant les chasses, et si on avait toujours soin de mettre sous la selle, pour la chasse, une peau de chevreuil, le poil sur celui du cheval et dans le même sens (ce qui est bien le meilleur moyen d'éviter les blessures), on devra suivre le traitement suivant :

S'il y a seulement bosse et contusion, on appliquera un morceau de gazon sur lequel on aura versé du vinaigre, et on le maintiendra avec un large surfaix; en vingt-quatre heures la bosse aura disparu.

S'il y a écorchure et plaie, on lavera et on appliquera un linge imbibé de pierre de Heilstein; on le renouvellera souvent et, aussitôt la peau formée, on frictionnera avec de l'onguent mercuriel.

S'il y a un cor, on l'arrachera et on appliquera de suite un petit vésicatoire; aussitôt qu'il sera séché, on mettra de l'onguent mercuriel.

S'il s'est formé une bosse dure sur l'épine dorsale et qu'elle persiste, on fera des frictions de teinture d'iode.

Suros. — S'il est survenu des suros au cheval par suite de coups, de chocs ou de toute autre cause, il n'y a rien de plus simple à faire passer, si les suros paraissent devoir nuire. Il suffit d'appliquer la pommade au bi-iodure de mercure, et de renouveler les frictions pendant trois jours, en chauffant toutes les fois à distance au moyen d'un morceau de fer rouge. Si le suros résistait à ce traitement, on mettrait, juste au milieu, une fine pointe de feu et on appliquerait tout de suite après, la pommade au bi-iodure. Entre les frictions, on fera bien de laver à l'eau de savon, pour rendre la peau plus douce et plus pénétrante au remède.

Si le cheval avait la jambe chaude, avant de faire ces remèdes, on mettrait des bandes d'eau salée jusqu'au refroidissement, et ensuite on ferait le traitement. L'eau salée est très-bonne pour l'inflammation du périoste, surtout en mettant la jambe du cheval dans le seau au moment où le sel fond, ce qui provoque un refroidissement extraordinaire, et donne un remède plus puissant que les bains froids.

Seimes. — Il y a beaucoup de chevaux qui prennent des seimes dans les terrains pierreux, et après maints examens et maintes ouvertures de pieds, je me suis convaincu que la seime vient d'un décollement du quartier, provenant lui-même d'un choc sur la sole. Il se fait extravasion de sang, et le décollement se prolongeant arrive, en remontant, à fuser entre le pied feuillu et le quartier jusqu'à la couronne, où il provoque la fente de la corne et le suintement de sang. Le moyen le plus simple est d'enlever délicatement la corne le long de la seime en dégageant bien tout le sang extravasé ; ensuite, on appliquera à la couronne, juste sur la seime, un petit vésicatoire qu'on renouvellera trois fois. On fera ferrer sans clous en face de la seime et en dégageant la corne de façon qu'elle ne pose pas sur le fer juste au-dessous de la seime. La ferrure à planche est naturellement très-bonne, dans ce cas, jusqu'à guérison, attendu qu'on empêche encore plus facilement l'appui de la corne sur le fer en face de la seime. Aussitôt l'effet des vésicatoires passé, on mettra à la couronne de l'onguent à pied de Clark, et on fera travailler le cheval comme auparavant. Il faudra continuer longtemps l'usage de l'onguent sur la couronne.

Les seimes bien traitées ne sont rien (à moins

qu'elles ne soient sur le devant du sabot et en zigzag, ce qui est plus mauvais), et elles ne doivent point inquiéter le propriétaire du cheval.

BLEIMES. — Mauvaise chose, guérissable, mais revenant souvent. Il faut la faire opérer par un praticien et la brûler à fond avec la liqueur de Villatte. Ces pieds-là sont détestables dans les pays pierreux, et il faut leur mettre des plaques de cuir.

Le pied du cheval de chasse doit être l'objet de soins assidus, car c'est la base de son travail. Il faut surveiller avec soin la ferrure pour éviter les déferrements toujours préjudicieux, entretenir la corne en bon état, par l'onguent à la couronne, sans en abuser cependant, au point de rendre la corne molle de façon que les clous ne tiennent pas, et que le cheval se déferre. La sole doit toujours être bien entretenue : trop dure, on doit lui mettre de la bouse de vache ; trop molle, du goudron. Les fourchettes doivent être bien soignées, et s'il y avait trop de suintement, on y mettrait un peu de filasse et d'eau-de-vie camphrée. Les pieds chauds sont indice de fièvre et indiquent un traitement immédiat, car, en santé, ils doivent être froids comme glace.

Ce n'est que par tous ces soins qu'on arrivera à

combattre la maladie naviculaire, cause de presque toutes les boiteries du pied.

Bouche échauffée. — Si le cheval a la bouche écorchée, une barre abîmée, ce qui l'empêche de manger, on ne lui donnera que de l'avoine concassée et des barbotages. On lui laissera, quelques heures par jour, dans la bouche, un filet enveloppé d'un fort tampon de toile trempée dans du vinaigre dans lequel on aura mis de l'ail ou de l'*assa fœtida*. Ce traitement lui remettra complétement la bouche, et quand on le remontera, on fera toujours bien de lui mettre un mors bien doux. Du reste, je ne saurais trop recommander aux chasseurs les mors les plus doux. Plus le mors d'un cheval est doux, et moins il tire, et plus il est facile à mener; en Amérique, où tous les chevaux n'ont pas de mors et ne sont menés qu'avec un filet, ils ont tous bonne bouche et se mènent très-facilement, tandis qu'en Angleterre, où on emploie souvent des mors très-puissants, les chevaux ont généralement la bouche dure et abîmée. Cela suffit souvent pour rendre des chevaux impossibles à monter, leur fait perdre la tête et s'emporter. J'en ai acheté très-souvent qui avaient la bouche dans un tel état, qu'on ne pouvait plus les emboucher. Je leur retirais alors tout fer de la bouche, et leur mettant une simple muserolle garnie d'anneaux avec quatre rênes dont deux passaient dans une martingale à anneaux, je les menais comme je voulais sans qu'ils me tirassent le moins du monde, tellement ils étaient heureux de ne pas souffrir de la bouche. Les mors Segundo, à très-gros canons et à branches très-courtes, sont aussi très-bons dans ce cas-là, surtout si le cavalier a une bonne main ; mais il les faut avec des branches courtes, car sans cela ils seraient trop puissants dans les à-coup de mains, qui arrivent involontairement à la chasse au meilleur cavalier.

Considérations générales.

Vous avez pu remarquer que je ne conseillais jamais de mettre les chevaux de chasse à l'herbe, et cela a pu vous étonner, car c'est l'opinion de bien des gens que c'est la meilleure manière de remettre un cheval de chasse ; mais ce n'est pas la mienne, sauf le cas où le cheval serait jeune, éreinté, et où vous ne voudriez pas le faire chasser l'automne suivant.

Voici pourquoi :

La mise au vert complet, le cheval étant en pleine herbe, relâche complétement tous ses tissus et détruit totalement sa condition ; et comme, par expérience, la condition complète d'un cheval de chasse ne s'obtient pour moi qu'en dix mois au moins, je pense que vous ne pourriez jamais remettre complétement votre cheval en état de chasser pour le mois de septembre ou octobre, si vous l'avez mis à l'herbe en mai. Dégoûté de la nourriture sèche, et regrettant le vert qu'il préfère à tout, il ne mangera pas en rentrant à l'écurie, s'aplatira au moindre travail, arrivera au poil de l'hiver sans être en condition, le supportera mal et, en décembre, vous aurez un cheval défait qui ne vous terminera jamais bien la saison.

Voilà, à mon avis, l'effet du vert complet pour le cheval de chasse. C'est pourquoi je préfère le simple vert de la carotte ou de l'escourgeon au printemps, et si on veut lui donner la liberté, ce qui lui fera le plus grand bien, le grand paddock avec l'herbe courte ou rasée.

Tel est, mon cher ami, le résumé de mon opinion sur la condition des chevaux de chasse. Puisse ce petit travail, tout incomplet qu'il est, être utile à mes collègues en saint Hubert et leur éviter quelques-uns de ces mécomptes inhérents à ceux qui font subir à ce brave animal le dur métier de la chasse à courre.

TABLE DES MATIÈRES

FIN DE LA TABLE DES MATIÈRES

LIBRAIRIE CENTRALE D'AGRICULTURE ET DE JARDINAGE
Rue des Écoles, 62, près le Musée de Cluny, à Paris
— Auguste **GOIN**, éditeur —

CHEVAL. — Manuel hippique sommaire de l'éleveur-cultivateur. Enseignement professionnel dédié aux élèves adultes des Écoles rurales, par Paul BASSERIE, lieutenant-colonel de cavalerie, 2ᵉ édit. 1 vol. in-18.   1 »

TABLE DES CHAPITRES.

Le bon cheval. — Extérieur. — De l'influence des dispositions de l'écurie sur la conformation des élèves. — Influence de la nature du sol végétal sur la production fourragère, en vue du développement des élèves. — Influence du parcours en liberté sur l'avenir du poulain. — Comment le poulain doit être choisi par l'éleveur. — Ce qu'il faut éviter et ce qu'il faut faire pour obtenir de bons poulains. — Alimentation du poulain après la naissance. — De la ferrure. — De la première éducation au travail.

CHEVAL DE SERVICE. Production, élevage et dressage, par Éphrem HOUEL, inspecteur général honoraire des haras. 1 vol. in-18.   1 »

TABLE DES CHAPITRES.

De la production. — Du cheval de trait, — de carrosse, — de selle. — Principes généraux de la production. — De l'élevage. — Considérations générales. — Le cheval de trait, — de carrosse, — de selle. — Du dressage. — De l'équitation. — Principes du dressage à la selle. — Dressage à la voiture.

CHEVAL EN FRANCE (*Le*), depuis l'époque gauloise jusqu'à nos jours, par Éphrem HOUEL. 1 vol. in-8.   3 »

Iʳᵉ PARTIE. — *Géographie hippique de la France.*

Coup d'œil général. — Normandie. — Bretagne. — Limousin. — Anjou. — Poitou. — Perche. — Lorraine. — Lyonnais et Bourbonnais. — Boulonnais. — Blaisois et Berri. — Navarre. — Établissements de chevaux de pur sang.

IIᵉ PARTIE. — *Institutions hippiques.*

Époque gauloise et gallo-romaine. — Moyen âge. Charlemagne. — Renaissance. François Iᵉʳ. — Établissements de haras nationaux. Louis XIV. — Restauration des haras. Napoléon Iᵉʳ. — Réunion des haras au service du grand-écuyer. — Dépôts d'étalons. — Étalons approuvés et autorisés. — Primes aux poulinières. — Écoles de dressage. — Courses. — Concours de chevaux dressés.

CHEVAUX. — Conseils aux acheteurs de chevaux, ou Traité de la conformation extérieure du cheval à l'état de santé ou de maladie, avec de nombreuses instructions pour l'appréciation, avant la vente, des vices, défauts, affections, etc., suivi de la loi sur les vices rédhibitoires et la garantie du vendeur, par John STEWART, traduit de l'anglais par le baron D'HANENS. 1 vol. in-18, fig.   3 50

CHEVAUX. — Conseils aux éleveurs de chevaux, par Charles DU HAYS. 1 vol. in-18, fig.   3 50

TABLE DES CHAPITRES.

Conditions de l'élevage. — Élevage rémunérateur et élevage besoigneux. — Où doit-on faire naître, où doit-on élever? — Se garder de l'amour et de la mode du croisement. — De quelle façon élève-t-on dans les pays d'herbages, berceaux du cheval de grand luxe ? — A quel prix revient un cheval de quatre ans élevé sans rien faire ? — A quel prix revient un cheval élevé en travaillant ? — A quel âge et comment doit-on commencer à faire travailler les poulains ? — Quels terrains conviennent à l'élevage du cheval ? — Nature des herbages. — Du foin. — Choix des juments. — De l'appareillement. — Choix de l'étalon. — De l'appareillement. — De la saillie. — Traitement des étalons. — Soins à donner aux poulinières et aux poulains. — Des médicaments préventifs. — Sevrage des poulains. — Traitement contre les vers. — De l'usage de l'avoine chez les poulains. — La bonne nourriture et l'avoine grandissent plus sûrement une race que les croisements. — Hygiène des juments. — Hygiène des poulains après le sevrage. — Éducation des jeunes poulains. — Soins à donner aux pieds des poulains. — De la gourme. — De l'administration des remèdes et particulièrement des bols. — Changement de place pour les poulains. — De l'alimentation. — Hygiène des chevaux. — De la ferrure et des maladies du pied. — Traitement préventif et ferrure à appliquer aux poulains et chevaux cagneux et panards, à ceux dont les jarrets sont affectés d'éparvins et de jardons. — De la nourriture. — Réglementation des repas. — Du foin. — De la paille. — De l'avoine. — De l'orge. — De la farine d'orge. — Du son. — Des maschs. — Liste des plantes fourragères que l'on doit placer au premier rang dans la composition des prairies. — Soins à donner aux animaux malades. — De l'âge des chevaux. — Des écuries. — Construction des écuries. — Pavage des écuries. — Aération des écuries. — Du pansage. — Boissons. — Du dressage des poulains. — Dressage des poulains de trait. — Dressage des poulains de sang destinés à l'attelage. — Dressage des poulains de chasse et de selle. — De l'époque du ferrage. — Application des prescriptions précédentes à l'élève du cheval de service.

CHEVAUX DE CHASSE. — Leur condition en France, par le comte LE COUTEULX DE CANTELEU, 2ᵉ édit. 1 vol. in-18. 1 »

TABLE DES CHAPITRES.

La condition. — Comment s'use le cheval de chasse. — Mise en condition. — Pansage et entretien des membres. — Nourriture suivant les différents tempéraments des chevaux. — Chevaux qui se nourrissent trop. — Chevaux qui ont de la disposition à la toux et à la gêne dans la respiration. — Des pieds et de la ferrure. — Chevaux difficiles à ferrer. — Traitement des différents accidents. — Considérations générales.

ÉCURIE. — Économie de l'écurie. Traité de l'entretien et du traitement des chevaux (écurie, pansage, nourriture, boisson, travail), par John STEWART, traduit de l'anglais sur la 7ᵉ édition, par le baron d'HANENS. 1 vol. in-18, orné de fig. 3 50

FERRURE DU CHEVAL (La). — Organisation, maladies et hygiène du pied, par L. GOYAU, professeur d'hippologie à l'Ecole Saint-Cyr. 1 vol. in-18, orné de 88 fig. 3 50

TABLE DES CHAPITRES.

Le pied du cheval. — La nature à l'œuvre. — La ferrure. — Le meilleur système de ferrure. — Puissance du maréchal sur le pied. — Affections diverses. — État actuel de la maréchalerie en France. — La vérité en maréchalerie. — Médecine. — Hygiène.

MÉDECINE VÉTÉRINAIRE. — Manuel de médecine vétérinaire, par VERHEYEN, DEFAYS et HUSSON, 2ᵉ édit. 1 vol. in-18. 3 50

Paris. — Imprimerie Viéville et Capiomont, rue des Poitevins, 6.

ALOUETTES. — Le chasseur d'alouettes au miroir et au fusil, par NÉRÉE QUÉPAT. 1 vol. in-18 orné de figures... 1 50

BÉCASSE. — Le chasseur à la bécasse, par POLET DE FAVEAUX. 1 vol. in-18, orné de 35 figures dans le texte.. 3 50
 Le même, sur papier vergé, tiré à 25 exemplaires............................ 7 fr.

CHASSE. — Soixante années de chasse. Pratique de la chasse, par J.-A. CLAMART. 2e édit. 1 vol. in-18 orné de figures.. 3 50

CHASSE A COURRE ET A TIR, par A. DE LA RUE, inspecteur des forêts de l'Etat, et le marquis DE CHERVILLE. 2 vol. in-8o, ornés de figures dans le texte........ 20 fr.
 Le même, sur papier vergé, tiré à 50 exemplaires............................ 40 fr.

CHASSE AUX PETITS OISEAUX. Manuel du tendeur, par J. CRAHAY. 2e édition. 1 vol. in-18 orné de 13 figures... 1 50

CHASSE DE GASTON PHOEBUS (La), comte de Foix, collationnée sur un manuscrit ayant appartenu à Jean Ier de Foix, avec des notes et la vie de Gaston Phœbus, par Joseph LAVALLÉE. 1 vol. in-8 orné de 13 fig.................................... 20 fr.

CHASSE ROYALE (La), divisée en IV parties, qui contiennent les chasses du Cerf, du Lièvre, du Chevreuil, du Sanglier, du Loup et du Renard, etc., par messire ROBERT DE SALNOVE. 1 vol. grand in-8. papier fort.................................... 25 fr.
 Le même ouvrage, papier ordinaire.. 15 fr.

CHASSEURS. — Conseils aux chasseurs. Manière de peupler et d'entretenir une chasse de menu gibier; élevage du gibier, etc., par HEMELMANS. 1 vol. in-18, orné de fig.. 3 50

CHASSEUR INFAILLIBLE (Le). — Guide complet du sportman, contenant l'usage du fusil, le tir, le vol des oiseaux, le dressage des chiens, par MARKSMANN, traduit de l'anglais sur la 3e édition, par Ch. KERDOEL, augmenté d'un appendice sur le tir de la caille, des oiseaux de marais et du gibier de mer. 1 vol. in-18, orné de figures.............. 3 50

CHEVAL DE SERVICE. Production, élevage et dressage, par EPHREM HOUEL. In-18. 1 fr.

CHEVAUX. — Conseils aux acheteurs de chevaux, ou Traité de la conformation extérieure du cheval à l'état de santé ou de maladie, avec de nombreuses instructions pour l'appréciation, avant la vente, des vices, défauts, affections, etc., par JOHN STEWART, suivi de la loi sur les vices rédhibitoires et la garantie du vendeur. 1 vol. in-18 orné de fig..... 3 50

CHEVAUX. — Conseils aux éleveurs de chevaux par DU HAYS. 1 vol. in-18. Fig. 3 50

CHIEN DE CHASSE (Du). Chiens d'arrêt, espèces et variétés, élevage, hygiène, nourriture, maladies, éducation, dressage, extrait du *Nouveau Traité des chasses à courre et à tir.* 1 vol. in-18 avec figures... 2 50
 Le même, sur papier vergé, tiré à 50 exemplaires........................... 5 fr.

CHIEN DE CHASSE (Du). Chiens courants, espèces et variétés, élevage, hygiène, nourriture, maladies, éducation, dressage, extrait du *Nouveau Traité des chasses à courre et à tir.* 1 vol. in-18 avec fig. et un plan de chenil chromo-lithographié.......... 3 50
 Le même, sur papier vergé, tiré à 50 exemplaires........................... 7 fr.

ÉCURIE. — Économie de l'écurie, Traité de l'entretien et du traitement des chevaux (écurie, pansage, nourriture, boisson, travail), par JOHN STEWART, traduit de l'anglais sur la 7e édition par le baron D'HANENS. 1 vol. in-18 orné de figures.............. 3 50

VÉNERIE, par D'YAUVILLE. 1 vol. grand in-8, papier vélin, orné de 4 grandes gravures hors texte, de 9 fig. médaillons, et accompagné de 42 fanfares.................. 25 fr.

CAILLES, PERDRIX, COLINS OU CAILLES D'AMÉRIQUE. — Guide pratique pour les élever, etc., par ALLARY. Édition augmentée d'un chapitre sur l'*Incubation artificielle,* par A. LEROY. 1 vol. in-18. Fig.. 1 50

CHASSE. — Carnet de chasse. In-18 oblong, cartonné, toile anglaise.............. 2 50

FAISANS, CANARDS MANDARINS, CYGNES, etc. Guide pratique pour les élever, par ARTHUR LEGRAND. 1 vol. in-18 avec figures............................... 2 fr.

OISEAUX DE VOLIÈRE (*Manuel de l'amateur des***),** ou Instruction pour connaître, élever, conserver et guérir toutes les espèces d'oiseaux que l'on aime à garder en volière ou dans la chambre, par BECHSTEIN. Nouvelle édition ornée de fig. dans le texte. 3 50

Paris. — Imprimerie VIÉVILLE et CAPIOMONT, rue des Poitevins, 6.

www.ingramcontent.com/pod-product-compliance
Ingram Content Group UK Ltd.
Pitfield, Milton Keynes, MK11 3LW, UK
UKHW021203220726
13924UKWH00003B/1300